厉害的臭屁武器

刘兴诗 | 著

刘兴诗爷爷讲科学

黑龙江少年儿童出版社

图书在版编目（CIP）数据

厉害的臭屁武器 / 刘兴诗著. -- 哈尔滨：黑龙江少年儿童出版社，2020.6
（刘兴诗爷爷讲科学）
ISBN 978-7-5319-6350-9

Ⅰ．①厉… Ⅱ．①刘… Ⅲ．①动物－儿童读物 Ⅳ.①Q95-49

中国版本图书馆CIP数据核字(2020)第064200号

刘兴诗爷爷讲科学

厉害的臭屁武器
Lihai De Choupi Wuqi

刘兴诗 | 著

出 版 人：商　亮
项目策划：顾吉霞
责任编辑：顾吉霞　张靖雯
责任印制：姜奇巍　李　妍
整体设计：文思天纵
插　　画：一超惊人工作室
出版发行：黑龙江少年儿童出版社
　　　　　　（黑龙江省哈尔滨市南岗区宣庆小区8号楼　邮编：150090）
网　　址：www.1sbook.com.cn
经　　销：全国新华书店
印　　装：北京博海升彩色印刷有限公司
开　　本：787 mm×1092 mm　1/16
印　　张：8
字　　数：110千字
书　　号：ISBN 978-7-5319-6350-9
版　　次：2020年6月第1版
印　　次：2020年6月第1次印刷
定　　价：28.00元

目 录

月光下的小歌手 …………………………… 1
小小五彩"直升机" ………………………… 3
"大学问家"乌贼先生 ……………………… 5
量地皮的尺蠖先生 ………………………… 8
北极熊的"公寓" …………………………… 10
向蚯蚓先生致敬 …………………………… 12
"淹死"的鱼 ………………………………… 14
黑猩猩老师的数学课 ……………………… 16
偷吃羊肉的大熊猫 ………………………… 18
狐狸+猫+猴子=？ ………………………… 20
蟒蛇保姆 …………………………………… 22
黄鼠狼冤案 ………………………………… 24
厉害的臭屁武器 …………………………… 26
蚂蚁的"奶牛" ……………………………… 28
给乌鸦评功摆好 …………………………… 30
白云里的歌手 ……………………………… 32
大个子胆小鬼 ……………………………… 34
挂在树上的小房子 ………………………… 36
能歌善舞的"竖琴" ………………………… 38

会变色的小魔鬼……………………	40
海底音乐会………………………	42
鱼鳞上的"年轮"…………………	44
排队自杀的旅鼠…………………	46
暗河里的盲鱼隐士………………	48
水底"发电机"……………………	50
落雁山奇闻………………………	52
海上免费旅行……………………	54
泡水的河马………………………	56
披毛的大象………………………	58
犀牛背上的小鸟…………………	60
鳄鱼的眼泪………………………	63
热水锅里的活鱼…………………	65
蜘蛛"飞行家"……………………	67
奇怪的"文字鱼"…………………	69
南海美人鱼………………………	71
小小"鱼医生"……………………	73
分开鱼的界线……………………	75
热闹的渔场………………………	77
大海里的"活鱼雷"………………	79

海底"钓鱼郎"	81
咳嗽的"海老人"	83
鲸鱼背上的"喷泉"	85
海怪！海怪！	88
海底黑烟囱旁边的乐园	90
树上的青蛙	92
天池里的"恐龙"	94
鹦鹉螺和月球	96
河狸先生的家	98
"外星人基地"见闻	100
大海里的"花斑猛虎"	102
"琥珀棺材"里的小蜜蜂	104
翻版"恐龙"	106
会飞的鱼	108
大花脸猴子	110
怪里怪气的四不像	112
长颈鹿认祖宗	114
袋鼠发现记	117
记仇的大象	120

月光下的小歌手

《哇啦哇啦报》消息，信不信由你

夜深了，人们都睡着了，小鸟们也回家了。忽然，远处的树林里传来一阵歌声，打破了周围的寂静。

咦，这是谁在唱歌，歌声这么好听？难道它不知道疲倦，也不用睡觉吗？

淡淡的月光映出了它的身影。

啊，原来是一只小小的夜莺。它站在树枝上，仰着头高声歌唱，好像想把自己的歌声献给世界、献给弯弯的月牙儿和满天的星星。

它的声音非常清脆，在安静的夜晚，人们听得清清楚楚。它的歌声非常婉转，就像是一个女高音歌唱家，在黑夜的舞台上尽情地表演。

唉，它忘记了夜已经很深了，人们和树林里所有的精灵都睡着了，连到处游荡的风儿也收起了翅膀，藏在夜的黑影下打起了瞌睡。谁还会听它唱歌呢？

噢，这就是艺术家的执着吧？这就是一个热爱生活的歌手发自内心的歌唱吧？

不，这儿不是没有听众。哪怕只有一个失眠的人，这歌声也能安慰他那颗忧伤的心。真正的艺术家

想一想 猜一猜

- 夜莺认为自己唱得不好，不敢在白天唱歌，只有躲在黑夜里偷偷地唱。
- 夜莺害羞，不好意思在白天唱歌，只有在夜里悄悄地唱。
- 夜莺嫌白天太嘈杂，寂静的夜晚才能展示出它那美妙的歌喉。
- 它是一个夜猫子，当然在晚上唱歌。

不会计较听众的多少，只期盼遇到知音。它不会计较有没有热烈的掌声，只想把歌声献给孤独的人。

不，这儿不是没有听众。天空中的月儿和星星，大地上的森林和原野，不都在静静地谛听吗？它的歌声给无声的天地增添了活泼的声音。

不，这儿不是没有听众。它的歌声能够渗进黑沉沉的梦里，给所有做梦的人带来一丝柔情和温馨，使梦境变得更加美好，鼓舞人们对生活要有信心。

唱吧、唱吧，小夜莺，你就放声歌唱吧！

唱吧、唱吧，小夜莺，你就从黑夜一直唱到黎明，把沉睡的世界唤醒吧！

我是小小科学家

晚上唱歌是夜莺的天性。要不，它怎么会叫这个名字呢？它喜欢在低矮的树丛里做窝，在月光下唱歌。

是不是所有的夜莺都喜欢歌唱？不是的，只有雄夜莺才大声唱歌，这是它们在向心爱的雌夜莺表达自己的爱意。

是不是雄夜莺都喜欢在夜晚歌唱？也不是的，有时候它们也在白天唱歌，只是人们没有注意到罢了。

? 学到了什么

▶ 夜莺的歌声很好听。雄夜莺喜欢在晚上唱歌，以此向雌夜莺求爱。

小小五彩"直升机"

《哇啦哇啦报》消息，信不信由你

看哪，天上飞来一架小小的"直升机"。

它一会儿向前飞，一会儿向后飞，一会儿向上升，一会儿向下降，飞行本领真高超哇。

看哪，它还有个特殊的本领呢！它不仅能够自由自在地飞翔，还可以悬停在空中一动也不动，真像一架小小的直升机。

这是谁制造的"直升机"？

这是谁驾驶的"直升机"？

不，这不是直升机，而是一只小小的鸟。

看哪，天上飞来一个气球。

噢，不，气球没有生命，不会扇动翅膀。它好像是一只蝴蝶，身上的颜色那么鲜艳，真好看！

这是从哪儿飞来的蝴蝶，为什么这么漂亮？是从天国的花园里飞来的吗？凡间的蝴蝶哪有这么艳丽的色彩。

不，这不是蝴蝶，而是一只小小的鸟。

看哪，天上飞来一只小蜜蜂。

它绕着花儿飞，伸出尖尖的嘴，贪婪地吸吮着花蜜。

这是什么蜜蜂？这么大，长得这么好看，准是一个新品种。

不，这不是蜜蜂，而是一只小小的鸟。

想一想 猜一猜

- 它没准儿真是一只新品种的蜜蜂。
- 它没准儿是一个玩具。
- 它没准儿就是一种罕见的小鸟。

我是小小科学家

这不是直升机,不是蝴蝶,也不是特殊品种的蜜蜂。这是蜂鸟!

大多数的蜂鸟生活在炎热的南美洲热带雨林里,最小的甚至比牛虻还小,体重只有2克左右,是世界上体形最小的鸟。蜂鸟中体形最大的巨蜂鸟,体重也只有20克左右。粗心的人把它当成蜜蜂,一点儿也不奇怪。

蜂鸟的飞行本领高超,能够向前飞、向后飞、笔直上升、下降,还能悬停在空中一动也不动。与其说它像直升机,不如说直升机像它。它已经在世界上生活了2000万年,直升机是什么时候才出现的?不消说,包括直升机在内的许多现代机械,都是仿生学产品。

别看蜂鸟很小,飞得却很快。它的飞行速度可以达到每小时50千米。如果向下俯冲,时速甚至可以达到100千米呢!它飞得这么快,简直可以和汽车媲美了。它这么小,为什么飞得这么快?这是因为它能快速拍打翅膀,每秒钟能拍好几十下,真厉害!

蜂鸟非常漂亮。身上披着略带光泽的蓝绿色羽毛,再加上红色、黄色、紫色的斑点和条纹,像是一个爱美的姑娘。

蜂鸟不仅漂亮,还很聪明。人们常常说,脑袋大才聪明,那可不一定。蜂鸟这么小,大脑最多只有一粒米的大小,可是它的记忆力却非常惊人。它能记住自己吃过的东西,还记得是在什么地方吃的,它不会再去已经光顾过的花朵,因为花蜜已经被它吸光啦!

蜂鸟吃什么呢?当然是像蜜蜂一样吸食花蜜喽。要不,怎么叫作蜂鸟呢?它的嘴巴好像一根又长又尖的刺,可以很方便地吃到花蜜,蜜蜂也没有这样的本领。

? 学到了什么

▶ 蜂鸟长得很小,羽毛的颜色特别鲜艳,还有高超的飞行本领。

"大学问家"乌贼先生

《哇啦哇啦报》消息，信不信由你

谁是最有学问的人？

谁喝的墨水最多，谁就是最有学问的人。

乌贼先生得意扬扬地说："我满肚子都是墨水，当然是我最有学问啦！"

为了证明自己有学问，它轻轻缩了缩肚皮，一下子就吐出了许多

> **想一想 猜一猜**
>
> • 这话没有错，有学问的人都是这个样子，很多没有学问的人还要装成这个样子。
>
> • 乌贼的墨汁可能有特殊的用途吧！

我是小小科学家

现在的冒牌大学问家可多啦！乌贼先生就是其中一个。翻一翻它的履历表，别说没有读过大学，就连小学它也没有读过。不信，考考它"ABC"，就准会露馅儿了。

乌贼又叫墨鱼。其实它根本不是鱼，正如它根本不是大学问家一样。它是一种头足纲的软体动物，模样和水里的鱼大不相同。

它全身分为脑袋、身子和脚三部分。它的脑袋好像光秃秃、圆溜溜的皮球。鼓着两只眼睛，模样非常可笑。它的身体好像一个口袋，里面就是内脏。它的脚早就变成了10条腕，用来抓东西吃。

它肚子里面的墨水是不是可以证明它很有学问？

得了，别骗人了。那是藏在一个墨囊里的墨汁，是它保护自己的特殊武器。乌贼喷出墨汁，把周围的海水染成一片黑，使敌人看不见它，它就可以在这一团黑色"烟幕"的掩护下逃之夭夭了。"乌贼"这个名字，就是这样来的。

墨水。周围的鱼全都瞪大了眼睛，佩服不已。

一条小鱼学着它的样子使劲收缩肚皮，只挤出了几滴尿，却挤不出一滴墨水，惹得大家笑疼了肚子。

谁是最有学问的人？

谁的眼睛近视，谁就是最有学问的人。

乌贼先生得意扬扬地鼓着眼睛说："当然是我啦！我的眼睛近视，这就是有学问的标志。"

为了证明自己有学问，它有意把眼睛鼓得更大一些，以证明自己近视。

周围的小鱼悄悄议论着它的眼睛。

一条小鱼点头说："书看得多，就会变成近视眼。有学问的人都是这个样子。有些没有学问的人还要装腔作势地配一副眼镜，看起来才像是有学问的样子。"

另一条小鱼说："说得对！它

"大学问家"乌贼先生

准是一位有学问的教书先生。"

谁是最有学问的人？

谁是秃脑瓜儿，谁就是最有学问的人。

乌贼先生得意扬扬地拍了拍自己的脑瓜儿，说："当然是我啦！我的脑瓜儿光秃秃的，这就是有学问的标志。"

为了证明自己有学问，它轻轻地晃了晃脑袋，好让别人看得更清楚些。周围的小鱼十分敬畏地望着它，忍不住悄悄议论起来。

一条小鱼说："书看得多，脑袋上的头发就会一根根往下掉。肚子里的学问越多，头发掉得越多，这还消多说吗？"

另一条小鱼说："说得对！学问从脑瓜儿里往外冒，就把头发顶掉变成秃脑瓜儿啦。看样子，他必定是一位大学教授。"

这是真的吗？谁想拜师当徒弟，赶快去找鼓眼睛、秃脑瓜儿、墨水直往外冒的乌贼先生吧。

❓ 学到了什么

▶ 乌贼不是鱼，能喷出墨汁迷惑敌人。

量地皮的尺蠖先生

《哇啦哇啦报》消息，信不信由你

老爷爷出门带什么？

带一根拐杖。

小学生出门带什么？

带一个书包。

尺蠖先生出门带什么？

带一把尺子。

哈哈！真奇怪呀！尺蠖先生带尺子干什么？

它带尺子量地皮呀！

这是真的吗？没见它带着尺子出门哪？

这当然是真的。不信，你自己看吧。

大家都觉得很稀奇，盯住尺蠖先生仔细看。只见它的身子高高地拱起来又放平，往前爬了一步，再拱起来，再放平，又爬了一步，模样好笑极了。

哈哈！哈哈！笑死人啦！尺蠖先生在马路上的表演，叫人笑疼了肚子。

大家都觉得很奇怪，它为什么要这样一拱一拱的？

它是在锻炼身体吗？

它是在表演杂技吗？

它是在搭一座桥，让小蚂蚁爬过去吗？

想一想 猜一猜

- 它在锻炼身体。
- 它在表演节目。
- 它在给蚂蚁搭桥。
- 它在测量地皮呀。这样边走边量，就知道走了多远，多方便！
- 别乱猜了，它就是在走路。

我是小小科学家

最后一个答案是对的，这就是尺蠖走路的样子。它没有脚，不能像乌龟爷爷一样慢慢地爬，也不会像蜗牛先生一样用软软的肚皮在地上爬，只能这样一拱一拱地走路，像是带着一把尺子在量地皮，因此它的名字里面有一个"尺"字。这个样子很像在搭桥，所以它又叫造桥虫。不过叫它尺蠖先生是错的，因为它还是个孩子，怎么能叫"先生"呢？幼儿园里的小朋友或是小学生都不能被叫作"先生"，尺蠖当然也不行了。因为这时它还处于幼虫阶段，长大以后，它会变成一只尺蛾飞上天，那时候再叫它"先生"也不晚。

都不是，没准儿它这是在量地皮吧？

量地皮得有一把尺子。它的尺子在哪儿呢？

啊，尺蠖先生的身体就是尺子呀！这样的尺子永远也不会弄丢，还不必用手拿着，多好哇！

尺蠖先生真的是在量地皮吗？这还得问一问它自己。

学到了什么

▶ 尺蠖一拱一拱地走路，好像在量地皮。尺蠖长大后，会变成尺蛾。

10 厉害的臭屁武器

北极熊的"公寓"

《哇啦哇啦报》消息,信不信由你

北冰洋是北极熊的老家。这里冷得要命,常常飘起雪花,冬天更冷。在漫长的冬天里,北极熊躲在哪里睡觉呢?

北冰洋白茫茫一片,到处都是冰雪,景色非常单调。

别说没有森林,这儿连一根草也没有。可怜的北极熊不能像它的南方兄弟狗熊一样,躲进树洞里,或者躺在草堆里睡大觉。

这儿看不见一座大山,也没有

想一想 猜一猜

- 哈哈哈哈!做梦吧?
- 别相信那些胡说八道的鬼话。北极熊能有一个窝就算不错了,哪还有什么"一套一""一套二"的"公寓"?
- 可能是一个天然的冰窟窿。
- 是不是闯进因纽特人的家里去了?
- 北极熊依靠自己身上密密的绒毛和厚厚的皮下脂肪度过寒冬。

我是小小科学家

北极熊身上的绒毛和脂肪都很厚，夏天时可以趴在冰天雪地里睡觉。到了冬天这样就不行了，得另外想办法。说出来你也许不信，北极熊真的会造"房子"呢。

聪明的北极熊常常选择背风的地方，在厚厚的雪层里，用锋利的爪子挖一个洞，当作自己的家。

这个洞的洞口非常狭窄，只能蜷着身子慢慢地爬进去。钻进一条短短的走廊，左右两侧是两个房间。一间是储藏室，用来储藏食物。因为四周都是冰雪，就像是天然冰箱，所以把食物放在这里保存不会腐烂。另一间就是它的卧室了。为了能够呼吸新鲜空气，它还在卧室里掏了一个通气的小洞，住在里面便不怕寒冷的冰雪了，直到温暖的春天到来，北极熊才结束冬眠钻出来。

山洞。可怜的北极熊也不能像别的动物一样，钻进山洞里睡觉。

放心吧，它可有办法了。聪明的北极熊给自己建造了特殊的"公寓"。格局有"一套一"的，还有"一套二"的，可好了。

学到了什么

▶ 北极熊的身上的绒毛和脂肪都很厚，夏天时可以趴在冰上睡觉。

▶ 在漫长的寒冬，为了美美地冬眠，北极熊就动手挖一个洞，当作自己的家。

▶ 北极熊的洞总是在背风的角落里，格局有"一套一"的，也有"一套二"的。一间是储藏室，一间是卧室。卧室里还有通气孔呢。

向蚯蚓先生致敬

《哇啦哇啦报》消息，信不信由你

蚯蚓先生在哪儿？

你自己去找吧。

蚯蚓先生在干什么？

你自己去看吧。

找哇找，找不到蚯蚓先生，不知道它藏在哪儿，也不知道它在干什么。

它在天上吗？

不，它没有翅膀，不会飞。

它在海里吗？

不，它不会游泳，不能下水。

咦，这可奇怪了。蚯蚓先生没在天上，也没在海里，地上也没有它的影子。它究竟去哪儿了？

唉，你的脑瓜儿怎么就是不开窍？不在天上、海里，也不在地上，那就是钻进地底下了呗。

啊，还来不及到地底下找它，它就自己一拱一拱的，慢慢地从泥土里钻出来了。你看它，全身都沾满了泥土，像一个整天和庄稼打交道的农民。

说对了！蚯蚓先生就是不折不扣的农民。

农民种地，蚯蚓先生干什么？

它也在地里干活儿！

你看它，慢慢地钻进泥土里，又拱起泥土不声不响地钻出来，整天都这样地钻进钻出，其实是在松

想一想 猜一猜

- 蚯蚓是在泥土里找东西吃吗？
- 蚯蚓是在地下抓害虫吗？
- 蚯蚓是不是害怕太阳光？
- 蚯蚓是不是害羞了？
- 蚯蚓是不是在帮助农民伯伯？

向蚯蚓先生致敬

我是小小科学家

蚯蚓先生的身体又细又长，看上去像一根面条。可面条不会动，蚯蚓会动。要不，还算什么动物。

蚯蚓先生的身子一节一节的，像是洗衣机的排水管。因为它长成这副模样，所以叫作环节动物。

蚯蚓先生的身体光溜溜的，没有脚，只能一拱一拱地慢慢爬。

蚯蚓先生没有耳朵和眼睛，可是它的其他感觉很发达，只要地上有一丁点儿震动，它就能感觉出来。它还能感觉到噪声、亮光和黑暗呢。

蚯蚓先生在地下吃什么？吃含有有机物的腐殖土。

蚯蚓先生还有一个特殊的本领，如果把它切成两段，它还会重新长出新的身体呢。

土。农民用锄头松土。它没有劳动工具，就用自己的身体使劲松土，真了不起！

它不仅会松土，它的排泄物中还富含养分，是高效的有机肥料呢。

它勤勤恳恳地干活儿，从不休息，也不叫累，更不会伸手向人们要什么。它默默无闻地从早干到晚。它只干活儿，不吹嘘，真是一个伟大而又平凡的农民。

向你致敬，蚯蚓先生。

向你鞠躬，伟大的农民。

学到了什么

▶ 蚯蚓会松土，是人类的朋友。蚯蚓被切断后可以再生。

厉害的臭屁武器

"淹死"的鱼

《哇啦哇啦报》消息，信不信由你

你读过《克雷洛夫寓言》中的《狐狸和梭鱼》吗？人们都说狐狸狡猾，这个故事里的狐狸却像一个大傻瓜。因为狐狸的名气大，所以做了大法官，专门在法庭上审理案件。

有一天，它判了一个案子，居然要把犯罪的梭鱼丢进大海里淹死。

哈哈！哈哈！肚皮都笑疼啦。常言道"如鱼得水"。鱼自由自在地生活在水里，怎么会被淹死呢？

想一想 猜一猜

- 太搞笑了，这是一个笑话吧。
- 一定是丢进烧开的汤锅里，而不是河里或大海里。鱼丢下去就被煮熟了，狐狸才好喝鱼汤啊。
- 那可能是一条生病的鱼，丢不丢进水里都会死。
- 没准儿狐狸和这条梭鱼是朋友，故意这样判决好放了它。狐狸才不傻呢，这就是它的狡猾之处。
- 天下奇怪的事情太多了，没准儿真有"淹死"的鱼呢。

我是小小科学家

信不信由你，世界上真有"淹死"在水里的鱼。

让我们以黄花鱼为例吧。从海里捞起来的黄花鱼，眼睛都鼓得大大的，有的甚至连肚子里面的内脏都冒出来了。

"淹死"的鱼

这是怎么回事？原来，黄花鱼被"淹死"了。当然，和真正的"淹死"不同，黄花鱼是因为离开了原本生存的水域而死掉的。

大海很深很深，海里的鱼并不能自由自在地生活在任何深度的水域。有的只能生活在深深的海底，有的生活在中层水域，有的生活在表层水域。如果把深海里的鱼一下子弄到浅海里，由于周围的压力减少，它就会死掉。与此相反，如果把浅海里的鱼放进深海里，鱼也会由于压力增加而死亡。这就是鱼在水里"淹死"的秘密。

咱们人类不也有这样的情况存在吗？居住在平原地区的人们，如果一下子来到海拔很高的山上或高原上，就会产生高原反应。如果没有氧气面罩，在上万米的高空人就可能会晕过去，甚至死掉。巴西的足球队和阿根廷的足球队到南美洲一些高原上的国家比赛，由于不适应高原环境，常常会输球，就是这个道理。

? 学到了什么

▶ 由于不同深度的海水压力不一样，所以不同种类的鱼只能生活在不同深度的水域，离开这个区域就会死亡。

16　厉害的臭屁武器

黑猩猩老师的数学课

《哇啦哇啦报》消息，信不信由你

上课了，黑猩猩老师在黑板上写下了一道数学题：1＋1＝？

小狼说："这还不简单吗？1＋1＝1呀！"

黑猩猩老师叹了一口气，说："唉，你这个小笨蛋。一个加一个，怎么还会是一个呢？"

想一想 猜一猜

- 真逗哇！想不到"1+1=？"有这么多的答案。

我是小小科学家

在猩猩家族里，黑猩猩的个头儿最小，有的还没有人高。它全身长满了黑毛，和别的猩猩不一样。它的老家在非洲的热带雨林里，祖祖辈辈过着群居生活。黑猩猩很贪嘴，从水果、树叶、根茎、花、种子和树皮，到小虫子、鸟蛋，什么东西都吃。有时候还抓小动物吃，甚至连自己的亲戚小猴子也不放过。

小狼说："我才不笨呢。一只狼加一只羊，狼一口就把羊吃掉了，不是还剩下一只狼吗？这只狼瞧见送上门来的羊，不把它吃掉，才是笨蛋呢。"

小狗举手说："不对！我家隔壁的牛先生和牛太太生了一个小宝宝。要我说 $1+1=3$ 才对。"

小猫说："你也说错了。公鸡先生和母鸡太太，下了一窝鸡蛋，孵出一大群小鸡崽。$1+1$ 应该等于数不清。"

小狐狸眨了眨眼睛，说："你们都错啦。一个炸弹加一辆坦克，轰的一声，什么都没有了。$1+1=0$ 才对。"

哈哈！哈哈！

黑猩猩老师看着这帮学生，不知道该说什么才好。

它拿出两根香蕉，高高地举起来，问大家："看哪，这儿有一根香蕉，再加一根香蕉，到底等于几呀？"

大家看了看，齐声说："$1+1=2$。"

只有小狐狸不说话。它瞧见黑猩猩老师的嘴角，已经悄悄地流出口水了。

一会儿，黑猩猩老师实在忍不住了，剥开了香蕉皮，一根接一根地塞进了自己的嘴巴里。他瞅着地上的一堆香蕉皮，最后把香蕉皮也拾了起来，统统塞进了大嘴巴里。

小狐狸笑了，对大家说："瞧，老师已经给我们演示过了。$1+1$ 还不是等于 0 吗？"

? 学到了什么

▶ 黑猩猩会做算术题，可聪明啦！

厉害的臭屁武器

偷吃羊肉的大熊猫

《哇啦哇啦报》消息，信不信由你

不好了，村里出了一件奇案。隔壁老爷爷半夜听见羊圈里传出了嘈杂的声音。羊平时都老老实实的，怎么会在半夜吵闹起来，是不是出了什么事情？

想到这儿，他连忙拿着手电筒起来查看。不看不知道，一看吓一跳。只见羊圈中躺着一只死羊，周身血淋淋的，一条大腿被撕掉了一大块肉。别的羊吓得挤成了一团，躲在角落里瑟瑟发抖、咩咩乱叫。

他再一看，羊圈门不知道是被谁打开的。偷吃羊的凶手必定是从这里进来的。

是小偷吗？

不可能。如果是小偷的话，为什么不顺手牵羊带出去吃，却像疯子似的咬一口？

是狼吗？

也不可能。如果狼进了羊圈，

想一想猜一猜

- 这是拙劣的谎言。大熊猫只吃竹子，怎么会吃羊肉？

- 这是栽赃陷害。准是谁偷吃了羊肉，把血抹在了大熊猫的嘴巴上。

- 这就是大熊猫干的吧？做了和尚的鲁智深也吃牛肉，大熊猫天天吃素，学他换一下口味，有什么不可能？

所有的羊都会被咬死。为什么它只咬一只羊，还把死羊留在圈里？

是野猫或者黄鼠狼吗？

更不可能。野猫和黄鼠狼比羊小很多，只能偷鸡偷鸭，不会偷羊吃。

这也不是，那也不是，到底是

偷吃羊肉的大熊猫 | 19

我是小小科学家

　　这件事就是大熊猫干的。在四川西北部的一个小山村里，曾经有一只大熊猫钻进羊圈，咬死了一只羊，吃完羊肉，还躺在羊圈里呼呼睡大觉。老乡们虽然抓住了凶手，却不敢打它，只好耐心地等它睡够了，自己慢慢地回到山林里。

　　大熊猫是活化石，它的祖先吃素也吃肉，本来就是一种杂食性动物。后来由于环境的变化，迁移到四川西北部、陕西和甘肃南部的一些山区，在海拔1500~3500米茂密的竹林里生活。受环境变化的影响，它的食谱也逐渐改变了。从吃素也吃肉的杂食性动物，渐渐变成主要吃箭竹的"素食主义者"了。

　　其实，大熊猫并没有完全改变饮食习惯。它除了吃箭竹，偶尔也会吃野果子和别的植物，包括无芒小麦、玉米、木贼、青茅、多孔蕈、野当归、羌活、幼杉树皮等。有时候它饿了，还会捡食动物尸体或者抓一些小动物吃。请你牢牢记住，大熊猫才不是完全吃素的呢。

谁？老爷爷提着一根棍子，沿着血迹追踪，想不到竟在路边瞧见了一只大熊猫。只见它的嘴巴和爪子上全都是血迹。铁证如山，这件事不是它干的，还会是谁干的？

? 学到了什么

▶ 大熊猫的祖先是杂食性动物，后来环境变化了，它们才改变了生活习性，专门吃竹子。大熊猫吃羊肉是一种特殊的返祖现象。

狐狸 + 猫 + 猴子 = ？

《哇啦哇啦报》消息，信不信由你

啊？这是狐狸、猴子，还是猫？

这是狐狸呀！

你瞧，它长着狐狸一样的面孔，拖着一根又粗又长的尾巴。尾巴上长有许多圆环，像是竹节鞭。这不是我们见惯的狐狸，还会是什么？

这是猴子呀！

它的动作非常灵活，不仅喜欢在地上蹦蹦跳跳，还能从一根树枝跳到另一根树枝上，跟同伴打打闹闹。狐狸怎么会爬树呢？这不是顽皮的猴子，还会是什么？

这是猫哇！

爬树不是猴子的专利，猫也会爬树。它的体形也像猫，有时候它还会发出"喵呜喵呜"的叫声呢。这不是可爱的小猫，还会是什么？

唉，这个"三不像"简直把人

想一想 猜一猜

- 它是狐狸。聪明的狐狸什么本领学不会？这准是一种进化了的"高级狐狸"，学会了爬树。

- 它是猴子。就算狐狸学会了爬树，但它能从一棵树跳到另一棵树上吗？

- 它是猫。它的体形和叫声就是最好的证据。

- 它可能是狐狸、猴子和猫的混血儿吧？

- 它可能是一种"三不像"的妖怪。

- 得啦，别胡扯了。它就是一种既像狐狸，又像猴子，还像猫的动物。

狐狸＋猫＋猴子＝？

我是小小科学家

　　这不是狐狸，不是猫，也不是普通的猴子。这是生活在非洲马达加斯加的一种濒临灭绝的珍稀动物——狐猴。听它的名字，就知道它和狐狸、猴子都有些相像了。

　　狐猴当然是一种猴子。动物学家说，这是一种原始猴类。多亏这里和狮子、猎豹生活的非洲大陆隔着一道宽阔的海峡，要不它早就没命了。

　　狐猴用四肢走路，总是成群活动，大部分时间都待在地面上，喜欢打闹嬉戏。狐猴的种类很多，环尾狐猴是最常见的。环尾狐猴是唯一在白天活动的狐猴，有时候还会发出猫叫声。

　　马达加斯加岛上没有凶猛的食肉动物，狐猴在这儿过着无忧无虑的快乐生活。就算遇着天敌，它也有自己的独家本领。它的身上长有一种特殊的臭腺，可以放出难闻的臭气，天敌受不了臭味，自然就逃跑啦。

弄糊涂了。谁能告诉我，它到底是狐狸、猴子，还是猫？

学到了什么

▶ 马达加斯加的狐猴长得既像狐狸，又像猴子，还像猫。它能放出臭气对付敌人。

蟒蛇保姆

《哇啦哇啦报》消息，信不信由你

这是一个真实的故事。柬埔寨有一个6岁的男孩，叫萨姆巴斯，他从小就和一条大蟒蛇生活在一起。

这是一条雌性蟒蛇，名叫查姆奴恩，就是"幸福"的意思。萨姆巴斯刚生下来不久，它就溜进院子里，赶也赶不走。好心的妈妈收留了蟒蛇，打算让它陪萨姆巴斯一起长大。孩子长得很慢，它却长得很快，很快就变成了一条大蟒蛇，足足有6米多长，谁见了都害怕。萨姆巴斯和它相比，就显得太小了。

蟒蛇长大了，不能再留在家里了。萨姆巴斯的爸爸先后三次把它送回森林，可是每次它都自己爬了回来，把这儿认作是自己的家。并且它还总是在萨姆巴斯的身边蜷成一团，和萨姆巴斯一起睡觉、吃饭、洗澡，好像亲姐弟似的。

想一想 猜一猜

- 动物也有感情，这个故事就是最好的证明。
- 可能是孩子的爸爸、妈妈编造的用来吓唬坏人的故事。
- 这是一条关在笼子里的蟒蛇。

它对小主人的感情很深，不肯离开萨姆巴斯半步，为他充当起义务保姆。萨姆巴斯把它当成是一张软和的"床"，特别喜欢靠着它的身体睡觉，只有躺在它的身上，萨姆巴斯才睡得香甜。他对人们说："我爱查姆奴恩，它就像我的姐姐。只要有它，我就什么都不怕。"

萨姆巴斯家里有条大蟒蛇的消息越传越远，连小偷也知道了，谁

蟒蛇保姆

也不敢到萨姆巴斯的家里偷东西。谁要是敢碰萨姆巴斯一下，大蟒蛇就会对他不客气。

我是小小科学家

蟒蛇和别的蛇不一样，别瞧它长得那么大，性情却非常温顺，不会随便攻击人。印度也有类似的故事。可是蟒蛇毕竟是野生动物，性情难以捉摸，最好不要饲养，万一出了事情可不是好玩的，大家千万要注意呀。

? 学到了什么

▶ 蟒蛇和别的蛇不一样，性情比较温和，不会主动攻击人。在一些地方，人们会饲养蟒蛇帮忙看家和照顾孩子。

黄鼠狼冤案

《哇啦哇啦报》消息，信不信由你

在动物法庭上，黄鼠狼眼泪汪汪地叫喊道："冤枉！我实在太冤枉了。"

大海龟法官问它："你怎么冤枉了？说出来听听吧。"

黄鼠狼一把鼻涕一把眼泪地说："大家说我是偷鸡贼，就是天大的冤枉。"

大海龟法官翻开档案一看，这只黄鼠狼一年内偷了好几只鸡，时间、地点和案情全都写得清清楚楚：

第一次，它在一个春天的傍晚摸进鸡圈，拖走了一只母鸡。

第二次，它在一个夏天的前半夜溜进鸡圈，咬死了一只大公鸡。

第三次，它在一个秋天的后半夜混进鸡圈，吃掉了几只小鸡。

第四次，它在一个冬天的凌晨，又偷偷地钻进鸡圈，当场吃了一只母鸡还不够，又叼走了一只小公鸡，回去当点心……

这些案件事实清楚，加上证人的证词和现场留下的脚印，偷鸡贼不是它，还会是谁？

大海龟法官板着脸说："你偷鸡的事情铁证如山，难道还想翻案吗？"

坐在旁边的水牛陪审员听了，也气愤地说："谁不知道'黄鼠狼给鸡拜年，没安好心'？这句话已

想一想 猜一猜

- 真是岂有此理！黄鼠狼有什么功劳？
- 审判应该公平，不能只听一面之词。黄鼠狼觉得不公平，得让它说完话再下结论。

我是小小科学家

　　黄鼠狼的学名叫黄鼬，它动作灵活敏捷，是有名的捕鼠能手。有人统计过，一只黄鼠狼一年能够消灭三四百只老鼠。它只要找到老鼠窝，就能十分麻利地挖井，一下子把整窝老鼠消灭个精光。如果以每只老鼠一年吃掉一千克粮食来计算，一只黄鼠狼一年就可以从老鼠嘴巴里夺回三四百千克粮食。怎么能因为黄鼠狼偷过几只鸡，就给它戴上"偷鸡贼"的帽子，把它送进牢房呢？

　　唉，好事不出门，坏事传千里。黄鼠狼就因为偷过鸡，被当成了万恶的小偷，背了千百年的黑锅。公平地讲，黄鼠狼偷鸡有罪，灭鼠有功，总体来说，功大于过，这桩冤假错案应该平反啦。

经流传了千百年。你还妄想推翻吗？"

　　负责记录的猴子书记员听了，气得扔掉手里的笔，跳起来指着黄鼠狼说："你真是厚脸皮。你说自己冤枉，那些被你咬死的鸡难道不冤枉吗？"

　　黄鼠狼喊道："青天大老爷，你们看问题要看主要方面。谁能一点儿错误也不犯？我偷鸡是不对，可是我也是除鼠功臣。一是一、二是二，难道不能将功赎罪吗？"

? 学到了什么

▶ 黄鼠狼虽然偷鸡，但也抓老鼠。如此看来，这位除鼠功臣偷几只鸡来解解馋也无可厚非，功劳和罪过应该分清楚。

厉害的臭屁武器

《哇啦哇啦报》消息，信不信由你

一只美洲豹慢腾腾地走进森林里，抬起脑袋大声吼着："这儿有什么活的东西吗？我饿了，乖乖的，不要动，做我的早饭吧。"

听见它的吼声，所有的动物都吓坏了，谁也不愿意做它的早饭。

小鹿、野兔，就连身强体壮的野猪纷纷准备逃跑。整个森林里只有小小的臭鼬没有逃跑的意思，留在原地一动也不动。

小鹿问它："你为什么不跑，想做美洲豹的早饭吗？"

臭鼬说："怕什么？它别想吃掉我。"

野兔催促道："快跑哇，难道你不怕美洲豹吗？"

臭鼬说："怕什么？谁怕谁还说不准呢。"

野猪提醒它："好汉不吃眼前亏，和美洲豹作对没有好处。我都

想一想 猜一猜

- 臭鼬沉不住气，一溜烟儿逃跑了。
- 不知道为什么，美洲豹跑了。
- 谁也没有跑，美洲豹把臭鼬一口吃掉了。
- 美洲豹正要吃臭鼬，猎人开枪打死了它，臭鼬趁机跑掉了。

让着它，难道你比我厉害不成？"

臭鼬说："你是你，我是我。你怕吃眼前亏，我可不怕。"

大家见劝不了臭鼬，叹了口气，只好自己先跑了，撇下它孤零零地留在森林里，等着美洲豹的到来。

美洲豹走过来了，瞧见臭鼬坐在那里，一动也不动，觉得非常奇

厉害的臭屁武器

我是小小科学家

逃跑的是美洲豹。臭鼬瞧见它扑上来，立刻竖起尾巴，对着它放了一个臭屁。这是臭鼬的秘密武器。

臭鼬和黄鼠狼是亲戚，都有放臭屁的特殊本领。在它的肛门旁边有一对臭腺，能释放难闻的臭气，有时候还能喷射一股臭液，不仅奇臭无比，还有麻痹作用。如果臭液溅进眼睛里，没准儿会失明；喷进鼻孔里，可能会因麻痹而昏迷、呕吐；沾到身上，臭味很久也不会消散，真是厉害极了。包括美洲豹在内的猛兽，谁也不愿意招惹它。就算吃掉它，把自己弄得臭烘烘的，也不好受。

怪，问它："所有的动物都逃跑了，你为什么不跟着跑？"

臭鼬说："这儿是我的家，我才不会逃跑。"

美洲豹笑嘻嘻地问它："你愿意做我的早饭吗？"

臭鼬说："活着多好，我为什么要做你的早饭？"

美洲豹生气了，大声吼叫道："哼，还没有谁敢和我这样说话。你不怕我吗？"

臭鼬满不在乎地说："你别吓唬我。谁怕谁还不知道呢。"

美洲豹气得跳起来朝臭鼬扑过去，恨不得一下子把它撕得粉碎，吞进肚子里。

哇！它们俩中有一个怪叫一声，转身就逃走了。你猜是谁？

❓ 学到了什么

▶ 臭鼬的秘密武器是臭屁和臭液，可以把敌人熏得转身就跑。

蚂蚁的"奶牛"

《哇啦哇啦报》消息，信不信由你

软软的绿叶上，有一只肥胖的蚜虫，一动也不动地趴在那儿，沐浴着温暖的阳光。瞧它那副模样，似乎挺享受的样子。

不好，一只七星瓢虫朝蚜虫直冲过来，似乎想要把它吃掉。蚜虫没有动，像是在打瞌睡。七星瓢虫已经飞到了它的身边，只要抓住它，就可以享受一顿美味的大餐了。

蚜虫被抓住了吗？

没有哇。它还好好的，一丁点儿皮也没有被抓破，懒洋洋地趴

想一想 猜一猜

- 这还不简单吗？七星瓢虫是蚜虫的克星，而蚂蚁是七星瓢虫的克星啊。
- 谁说七星瓢虫是蚜虫的克星？其实它很怕蚜虫。
- 七星瓢虫只是吓唬蚜虫，压根儿就不想吃它。
- 七星瓢虫早就吃饱了，肚子撑不下了。
- 蚂蚁见义勇为。

我是小小科学家

为什么蚂蚁要保护蚜虫？因为蚜虫是它们的"奶牛"。

原来蚂蚁特别喜欢吃甜食。蚜虫可以分泌一种特殊的"蜜露"，甜滋滋的很好吃。蚂蚁喜欢跟着蚜虫，想吃这种甜食的时候，只要使劲拍打它的肚皮，"蜜露"就会慢慢地流出来了。牛奶本身不是甜的，想喝甜牛奶，还得加糖。可从蚜虫肚皮里挤出来的"蜜露"却是甜的，比牛奶还好喝。

蚂蚁这样干，蚜虫愿意吗？

当然愿意呀！反正它肚皮里的"蜜露"有很多，存得多了还胀得难受。蚂蚁帮助它挤出这些多余的"蜜露"，它还感到很舒服呢。更重要的是，认识了蚂蚁，就等于有一大帮忠心耿耿的朋友在保护它，这有什么不好呢？

在那儿，只管晒太阳。

咦，这是怎么回事？七星瓢虫是蚜虫的克星，蚜虫遇着它可没有好果子吃。这只蚜虫怎么大摇大摆的，一点儿也不感到害怕呢？

再一看，明白啦。原来有许多蚂蚁在它的身边，像卫兵一样保护着它。小小的蚂蚁不怕七星瓢虫，又抓又咬，赶走了这个天上飞来的敌人。蚜虫就像没事儿似的，还在晒太阳。

学到了什么

▶ 蚂蚁和蚜虫之间是共生关系，蚜虫能够分泌一种"蜜露"，像是蚂蚁的"奶牛"。

给乌鸦评功摆好

《哇啦哇啦报》消息，信不信由你

呸，乌鸦浑身披满了黑羽毛，样子真难看！

老奶奶说："乌鸦，你别在我的头顶上飞来飞去，瞧见你就不吉利。"

呸，乌鸦老是张开嘴巴哇哇叫，声音真难听！

大姑娘说："乌鸦，你别老是在我的窗口哇哇叫，听着就讨厌。"

呸，乌鸦，不干正事的乌鸦。

小伙子说："你除了哇哇乱叫，还能干什么正经事呀？"

呸，乌鸦，傻里傻气的乌鸦。

小孩子说："狐狸叫你唱歌你就唱，不知道狐狸只想要你嘴巴里的肉骨头，才不想听你唱歌呢。你张开了嘴巴，肉骨头就没有啦，简直是一个大傻瓜。"

唉，天下哪有这么笨的鸟，连小孩子也看不起你。

呸，呸，呸。讨厌的乌鸦，世界上最难看的鸟。谁也不喜欢你，赶快飞走吧。

呸，呸，呸。愚蠢的乌鸦，世界上最傻的鸟。谁也看不起你，赶快飞走吧。

呸，呸，呸。游手好闲的乌鸦，世界上最没有用的鸟。谁也不会说你的好处，赶快飞走吧。

想一想 猜一猜

- 乌鸦没有黄莺、孔雀好看，也比不上喜鹊和麻雀讨人喜欢，瞧着就晦气。
- 乌鸦不仅没有鹦鹉、鸽子聪明，就连大雁和燕子也比不上。
- 乌鸦虽然不漂亮，可是它并不笨。

我是小小科学家

乌鸦披着一身黑羽毛，样子的确不太好看。可是出席宴会的绅士们也是一身黑衣，人们为什么不说瞧见他们不吉利，偏偏只责备不会说话的乌鸦？

乌鸦的叫声的确不好听。可是那些半夜扯着嗓子唱卡拉OK的人，声音也不好听。为什么不说他们，偏偏只嘲笑乌鸦？

乌鸦真的很笨吗？那可不见得。经过特殊训练的乌鸦，能像鹦鹉一样学说话。马戏团里的乌鸦会做算术题，还会在有记号的盒子里找东西吃。乌鸦这么聪明，可别冤枉它。

乌鸦真的是废物吗？这绝对弄错了。

乌鸦能抓老鼠、蝗虫、蝼蛄、金龟甲、飞蛾的幼虫，吃的害虫可不少。它还吃腐烂的动物尸体，常常在垃圾堆里捡东西吃，是不领工资的清洁工，是义务环境保护者。世界上很难找到十全十美的人，又何必要求一只鸟十全十美？它的益处比坏处多得多，是益鸟，不是害鸟，更不是带来晦气的丧门星。

我们要给乌鸦评功摆好，乌鸦的冤案应该平反啦！

学到了什么

▶ 乌鸦很聪明，能抓害虫，是默默无闻的益鸟，我们应该好好保护它。

白云里的歌手

《哇啦哇啦报》消息，信不信由你

一个小伙伴告诉我："我瞧见一个东西笔直地飞上了天。你猜，这是什么？"

我猜测道："准是一架直升机。"

他摇了摇头，说："错啦！"

我还没有弄明白是怎么回事，他又告诉我："我看见它飞进高高的云朵里，从那里传来一阵好听的歌声。你猜，这是怎么回事？"

我猜测道："是不是直升机上有一个歌星在练嗓子？喜欢出风头的歌星肯定能干出这种事情。别说直升机，他们恨不得爬上月亮，朝着宇宙大声吼呢。"

他还是摇了摇头，说："错啦！"

我正在想这到底是怎么回事，他接着又告诉我："我瞧见它从天上笔直地落下来，一直落到了草地上。"

想一想 猜一猜

- 喂，你真傻。他是糊弄你的呀！
- 它就是直升机嘛。除了直升机，还有什么东西能笔直地飞上天，又笔直地落下来？
- 它可能是一种新式飞机。
- 它是外星人的飞碟吧？
- 它是不是一只鸟？

我猜测道："我觉得就是直升机。直升机就是这样，笔直上升又笔直降落的。"

瞧他神秘兮兮的样子，一直对着我摇头，我实在猜不出来了，请大家帮我猜一猜吧。

我是小小科学家

说对了，它就是一只小鸟。

这是云雀呀。听这个名字，就知道它喜欢飞到白云里。它和别的鸟不一样，它的窝不在树上，而是藏在草地里。它和直升机一样，常常从地上一下子飞起来，边叫边直冲上天空。在天上飞累了，又笔直地落下来，钻进草地里。

云雀的歌声非常嘹亮，也非常好听。人们喜欢它，把它叫作"白云里的歌手"，还给它取了一个名字，叫作告天鸟。小百灵指的也是它，因为它非常灵巧。

你以为它老是在天上飞吗？不，它常常像小鸡一样，用两只脚在地上跑。当它在地上跑的时候，谁能猜到它是天上的歌手呢？

它热爱天空，也热爱大地，这才更加惹人喜爱。

? 学到了什么

▶ 云雀是有名的鸣鸟，歌声很好听。它住在草地上，常张开翅膀直直地飞向高高的空中。

| 34 | 厉害的臭屁武器

大个子 胆小鬼

《哇啦哇啦报》消息,信不信由你

天黑了,森林里钻出来一个大家伙。猛一看,它的模样有些像犀牛。可是犀牛不会在这个时候活动,并且犀牛鼻子上有角,不像它这副样子。它的身子圆鼓鼓的,鼻子伸得长长的,走路一摇一摆,有些像猪。可是猪鼻子不会一伸一缩的,所以它不是猪。

还没有睡的小兔子看见了它,

想一想 猜一猜

- 它准是一个坏蛋。
- 它可能是逃犯。
- 它是小偷。
- 它是一个良民,只是胆子有点儿小。

我是小小科学家

这是貘。貘生活在热带丛林里，胆子特别小。白天躲起来，晚上才偷偷摸摸地钻出来找东西吃。它和牛羊一样，也是吃素的动物。它水性很好，喜欢泡在水里避暑。

觉得非常奇怪。心想：这准是一个小偷，不然它为什么鬼鬼祟祟的，不敢放心大胆地往前走？小兔子越想越觉得可疑，立刻拿出手机报警。

值夜班的猫头鹰警长接到电话后，马上赶到现场，拦住了这个可疑的家伙。

猫头鹰警长问它："你有身份证吗？"

它支支吾吾地说："我遇见一只美洲豹，逃跑的时候弄丢了……"

猫头鹰警长已经有了三分把握，皱着眉再问它："你住在哪儿？"

它慌里慌张地说："我就住在这个森林里。"

猫头鹰警长已经有了五分把握，目光炯炯地盯住它，接着盘问道："为什么我没有见过你？"

它低着脑袋，声音很小地回答："白天我不敢出来，你当然见不着我。"

猫头鹰警长心里已经有了七分把握，放大了声音追问："你在撒谎，说，你到底是谁？"

它结结巴巴地说："我就是我呀！"

猫头鹰警长已经有了九分把握，板着面孔掏出手铐说："你跟我到派出所走一趟吧。"

这个大家伙吓坏了，趁猫头鹰警长不注意，一骨碌就钻进了水里。

猫头鹰警长有了十分把握，大声喝道："你逃不了了，赶快出来吧！只有老实交代，才能得到宽大处理。"

水里的大家伙眼看无路可走，赶快说出了自己的名字……

学到了什么

▶ 热带丛林里的貘身子肥、个子大，鼻子可以伸缩，只有晚上才出来活动，是有名的胆小鬼。

挂在树上的小房子

《哇啦哇啦报》消息，信不信由你

咦，这是怎么回事？苹果树上除了一个个沉甸甸的苹果，还挂着几个涂着花花绿绿颜色的小木头房子，真漂亮！

小弟弟和小妹妹望着苹果树上的小房子，感到非常稀奇。

小妹妹问："为什么苹果树上除了结苹果，还结了小房子？"

小弟弟也不明白，搔了搔脑袋，说："没准儿这是一棵玩具树？让我们可以先吃苹果，再把这些小房子当玩具玩。"

小妹妹来劲儿了，拍着巴掌说："真好！我想摘一个小红房子给布娃娃住。"

小弟弟也说："我想要一个小绿房子给机器人住。"

小妹妹说："还有小狗和小猫呢？"

小弟弟说："让小狗住黄房子，让小猫住蓝房子吧。"

小弟弟和小妹妹高高兴兴地搬来梯子，准备爬上树摘小房子。他们刚刚伸手抓住一个小红房子，只听见里面传出来一个奇怪的声音："仔黑，仔黑，仔仔黑。"这声音吓了他们一跳。

想一想 猜一猜

- 信不信由你，这些小房子就是苹果树上结的。木头房子和苹果树都是木头，为什么不能结出木头房子呢？
- 这是一棵魔法树。
- 房子是妖精变的。
- 房子是玩具公司挂在树上的招牌。
- 房子是山雀的新家。

我是小小科学家

这是农民伯伯专门给山雀造的"空中别墅"。

为什么农民伯伯不给乌鸦、麻雀造房子，只给山雀造房子？因为山雀是消灭害虫的好手。一只山雀一天能吃掉好几百只害虫。请你仔细算一笔账，一只山雀一年能吃掉多少只害虫？杀虫剂会污染环境，还不如请山雀来照料果树。不仅环保，还可以听它们"仔黑，仔黑，仔仔黑"地歌唱，多好哇！

为了吸引山雀到果园里安家，农民伯伯就在果树上挂了许多漂亮的小房子，请它们搬进这些树上的新家里，好做农民伯伯的帮手！

小妹妹害怕了，对小弟弟说："树上是不是有小妖精？"

小弟弟说："别怕！有我呢。妖精钻出来，我就打死它。"

正说着，小房子里钻出一只鸟，对他们说："我不是妖精，我是山雀呀。"

小妹妹问它："这些小房子是树上结的吗？"

山雀说："仔黑，仔仔黑。仔仔黑，仔黑。"

唉，两个孩子都听不懂这句话是什么意思。

学到了什么

▶ 山雀吃害虫，是果园的卫士。

能歌善舞的"竖琴"

《哇啦哇啦报》消息，信不信由你

这儿是袋鼠的老家——澳大利亚。我没有瞧见蹦蹦跳跳的袋鼠，却遇见了一件奇怪的事情。

我走哇走哇，忽然瞧见树林里钻出来一个东西。不是袋鼠，也不是小白兔。啊哈，想不到是一架"竖琴"。

竖琴？

这是一种非常古老的乐器，古希腊神话里就提到过。珍贵的竖琴怎么会被放在这个荒凉的地方，是不是谁丢弃在这儿的？

我怀疑自己的眼睛花了。使劲揉了一下眼睛，再一看，没有错，高高竖起的曲线形琴身，不是竖琴，还会是什么。

似乎是为了证实我的猜想，那架"竖琴"响了起来。我侧着耳朵听，声音很好听呢。只不过不像是琴声，

想一想 猜一猜

- 嘻嘻，这是一个骗小孩的童话故事。
- 竖琴成精了。
- 它是一个会活动的鸟形机器琴吧？
- 真是少见多怪，这就是一只鸟。

倒像是鸟在一声声叫。

一会儿，它又换了一个声音。"哧哧哧"不停地响，好像老式蒸汽火车头在喷气。

再一看，那架"竖琴"又动了。身子一颠一颠的，合着节拍跳得有模有样的，好像真的在跳舞呢。

这是做梦，还是真实的事情？

能歌善舞的"竖琴"

我是小小科学家

这是澳大利亚特有的琴鸟,这里的人们都喜欢它,把它定为国鸟。要知道,国鸟可不是随便什么鸟都能当的。单凭这一点,就非常了不起。

琴鸟长什么样子?它全身披着红棕色的羽毛,非常高雅。高高竖起的尾羽是它特有的标志。远远地看上去,像是真正的竖琴,难怪叫这个名字。

竖琴可以弹出优美的曲调。琴鸟能模仿各种鸟的叫声,甚至还会学汽车喇叭、火车喷气和斧头伐木的声音,它可一点儿也不比鹦鹉和八哥差。

琴鸟还会像孔雀一样开屏。

琴鸟还会跳舞呢,竖琴怎么能和它相比。

为什么琴鸟会唱歌、跳舞?原来这是雄琴鸟在向爱慕的雌琴鸟求爱。信不信由你,它不仅自己在求爱的时候又唱又跳,还喜欢助人为乐,帮助不会唱歌的园丁鸟,在它的婚宴上进行义务表演呢。

? 学到了什么

▶ 琴鸟会唱歌、跳舞,还能模仿许多声音。它的样子看上去就像一架竖琴。

40　厉害的臭屁武器

会变色的小魔鬼

《哇啦哇啦报》消息，信不信由你

三只小甲虫在树林里飞来飞去，飞累了，想找一个地方歇一会儿。

一只小黑点儿甲虫提醒伙伴们："树林里有许多敌人，可要小心哪！"

另一只小红点儿甲虫大大咧咧地说："怕什么？咱们看清楚了再落下去，就不会有危险啦。"

小红点儿甲虫东看看、西看看，

想一想 猜一猜

- 这儿有不同颜色的魔鬼。
- 魔鬼会魔法，所以能变色。

只见眼前全都是树枝和树叶，看不见一个敌人，便放心大胆地落了下去。

哎呀！不好了。想不到碧绿的树叶上，猛地蹦出一只绿色的魔鬼，一口就把它吞进了肚子里。剩下的两只小甲虫吓得连忙逃跑，不敢在那儿停下来。

他们飞呀飞，累得实在受

我是小小科学家

小甲虫遇着的不是魔鬼，而是变色龙。

变色龙是一种爬行动物，样子像一只小恐龙。它皮肤里的细胞可以随着周围环境的不同改变颜色，是有名的伪装猎手，所以人们给它取了这个名字。

不了，还是得找一个地方歇一下。

小黑点儿甲虫说："这里太危险了，可得要接受血的教训。"

幸存的伙伴小黄点儿甲虫说："茂密的树叶里面，容易藏着敌人，咱们换一个地方休息吧。"

小黄点儿甲虫东瞅瞅、西瞅瞅，瞧见一根粗树枝上没有别的东西，就收起翅膀落了下去。

哎呀！可不得了。不知从哪儿蹿出来一只褐色的魔鬼，和树枝的颜色一模一样，它抓住了可怜的小黄点儿甲虫，一下子就把它撕得粉碎。吓得小黑点儿甲虫转头就跑，再也不敢在这里多停留一会儿。

它飞呀飞，累得不行了，只好找一个地方休息。它吸取了同伴们的教训，不敢落在树叶上，也不敢碰着树枝，心想：找一块光秃秃的石头休息，这样一定保险。

它东转转、西转转，在天上转悠了老半天，瞧见一块石头，便小心翼翼地飞了下去。

唉，真倒霉呀！它连做梦也没有想到，这块石头上竟然跳出一只和前两只一模一样的灰色魔鬼，一把抓住了它。可怜的小黑点儿甲虫到死也不明白，这儿怎么会有这么多不同颜色的魔鬼。

学到了什么

▶ 变色龙能够根据周围环境的变化来改变自己身体的颜色。

海底音乐会

《哇啦哇啦报》消息，信不信由你

嘘——别出声。仔细听一下，海水里有什么声音？

我趴在甲板上，耳朵紧紧地贴着甲板，心怦怦直跳，耐着性子等了一会儿，果真听见海水里传来一阵奇怪的声音。

听，这是什么声音？好像是鸟的叫声。

听，那是什么声音？好像是一群小蜜蜂在嗡嗡叫。

再一听，还有小狗汪汪叫，母鸡咯咯叫，树叶沙沙响，鼓声咚咚响，加上不知是谁"呼噜、呼噜"的打鼾声，可真热闹！

哎呀，想不到海水下面藏着一个水底动物园，动物们正在举办音乐会呢。

我糊涂了，不知道这是自己的幻觉，还是水里的声音？如果真的是水里的声音，大海里怎么会有鸟、蜜蜂、小狗、母鸡呢？

唉，我实在想不通，谁能帮我弄明白海底音乐会的秘密？

想一想 猜一猜

- 准是听错了。
- 是不是鱼说话的声音？
- 有人悄悄在船底安装了一个小喇叭，正在播放动物叫声的录音带。
- 就像科幻小说里描述的那样，没准儿真有一个神秘的海底世界，在那儿还有人呢。
- 纯属幻想。

我是小小科学家

这既不是幻觉,也不是说谎。水里传来的声音都是不同的鱼发出的。

"鸟叫声"是一群小青鱼发出来的声音,"蜜蜂嗡嗡叫"是鲶鱼的声音,"小狗叫"是箱鲀的声音,"母鸡叫"是黄姑鱼的声音,"树叶沙沙响"是黑背鲲的声音,"打呼噜"是刺鲀的声音。

鱼没有气管和舌头,怎么会在水里发出声音呢?

鱼发出的声音和嘴巴没有半点儿关系,它们的发声方式千奇百怪。有的用鳃盖和鱼鳍里的硬刺摩擦,有的是肛门突然放气,有的用肌肉收缩带动鳔和有"弹簧"的脊椎骨振动发出声音……一下子说也说不完。渔民伯伯常常利用鱼群发出的特殊声音来分辨它们的种类和数量。

学到了什么

▶ 啊,想不到鱼能够用各种各样的办法发声。聪明的渔民可以根据鱼类的发声情况来进行追踪捕捞。

鱼鳞上的"年轮"

《哇啦哇啦报》消息，信不信由你

一个孩子问另外一个孩子："喂，你知道大树的年龄吗？"

第二个孩子咧开嘴笑了，回答说："嘻嘻，谁不知道哇。只消数一数树木的年轮，就知道它有多大年纪了。"

第一个孩子又问："那你知道鱼的年龄吗？"

第二个孩子张大嘴巴，答不上来了。

第一个孩子这才得意扬扬地说："想知道鱼的年龄，就去问它自己呗。"

第二个孩子不服气地说："鱼不会说话，又听不懂我们的话，怎么告诉我们它多大了？"

第一个孩子更加神气了，告诉他："虽然鱼不会说话，但它的鱼鳞会说话。你认真地向鱼鳞打听一下，就知道鱼的年纪了。"

想一想 猜一猜

- 鱼身上的每片鱼鳞都是一张小小的唱片，能放出录音，回答问题。
- 鱼鳞上面写着字。
- 鱼鳞本身就有这个作用。

我是小小科学家

鱼鳞是鱼身上的"日记本"，也是鱼的"年轮"。你不信吗？请你拿一片鱼鳞，放在放大镜下面仔细观察，就能看见鳞片

鱼鳞上的"年轮"

表面有一圈圈很细很细的、环状的条纹。这些纹路好像树木的年轮一样，可以表示鱼的年龄。

树木的年轮一圈密、一圈稀，数一数有几圈密的、几圈稀的，就知道它有多少岁了。鱼鳞上的纹路也是同样的计算方法吗？

算法不完全一样。需要先数清楚鱼鳞上的条纹，还要加上一，才是它的真实年龄。例如一条鱼的鳞片上有两个圈，它的实际年龄就是2+1＝3岁。

树木的年轮疏密不同，是由于受不同季节、不同气温的影响，树木的生长速度不同而产生的结果。鱼鳞上的"年轮"也是同样的成因。由于不同季节水温不一样，所以鱼生长发育的情况也不一样。

调查清楚鱼鳞上的"年轮"，对保护渔业资源、有计划地捕捞有很大的帮助。海上捕鱼可不能不分青红皂白统统一网打尽。如果只顾眼前利益，连小小的鱼苗也捞个精光，往后哪还有鱼群？有经验的渔民都懂得保护幼鱼这个道理，即使捕捞起来，也会放回大海。

渔民怎么能认出幼鱼呢？从鱼身上取一片鱼鳞，仔细数清楚鳞片上的"年轮"，就能算出它的实际年龄了。

? 学到了什么

▶ 鱼鳞上有鱼的"年轮"，可以依此计算出鱼的年龄。

排队自杀的旅鼠

《哇啦哇啦报》消息，信不信由你

哇，真奇怪，黑压压一大群老鼠整整齐齐地列着队，朝这边走过来了。

老鼠怎么会排队呢？是不是看花了眼？

不是的，真是一大群灰老鼠朝着一个方向不停地走。它们好像在寻找什么，也像要去什么地方旅行。

它们在找什么东西？

想一想 猜一猜

- 这些老鼠是不是疯了？
- 它们上了首领的当。首领不想活，它们跟在首领的屁股后面，也稀里糊涂地跳海自杀了。
- 它们是不是打算游到对岸找东西吃？
- 这可能是真的。世界之大，无奇不有，没准儿真有这回事呢。

排队自杀的旅鼠

我是小小科学家

这是真的。因为这种老鼠经常一批又一批地长途旅行到海边，所以叫作旅鼠。

旅鼠生活在荒凉的北极圈里，很难找到食物，加上繁殖得很快，没过多久就变成了一大群，便更加找不到食物了。它们饿得没有办法，只好离开老家出去找食物。遇着什么吃什么，不管树皮还是草根，统统塞进肚子里。可是北极圈里到处都很荒凉，就算找到一丁点儿食物，一下子就吃光了，只好接着往前走。一直走到海边，一只接着一只跳海自杀了。

找吃的东西呀。一路上只要瞧见可以填饱肚子的东西，它们就毫不客气地统统吃光。

它们要到哪儿去？

它们只顾不停地往前走，最后走到大海边，一只接一只地跳进海里自杀了。

这是真的吗？

当然是真的。这件事发生在挪威北部的北极圈里，数不清的老鼠离开原来居住的地方，排成一队穿过荒凉的原野，翻过光秃秃的山冈，笔直地朝前走去。走哇走，走到了波涛汹涌的大海边，它们头也不回地一只接一只地跳进大海，统统淹死了。

❓ 学到了什么

▶ 旅鼠生活在北极圈里，繁殖得很快。

▶ 北极圈里非常荒凉，食物很少。越来越多的旅鼠没有东西吃，只好离乡背井去远处找食物吃。

▶ 旅鼠大军来到海边，集体跳海自杀。

暗河里的盲鱼隐士

《哇啦哇啦报》消息，信不信由你

山洞里静悄悄地流出来一条暗河，从暗河里悄悄地游出来一条小鱼。

暗河里的水没有泥沙，清亮亮的，可以一直看到底，好像是透明的玻璃。

小鱼也是透明的，可以清清楚楚地透过肚皮看见里面的内脏。

再一看，就更奇怪了。这条小鱼身上光溜溜的，没有一片鱼鳞。

哎呀，这难道是一条玻璃鱼。只有玻璃鱼才是透明的，身上没有鱼鳞。是不是谁把商店里卖的玩具悄悄地放在水里了？这是一个恶作剧吧？

它真的是玻璃做的吗？

不是的，玻璃做的鱼怎么会动呢？

瞧，它的动作非常灵活，在水里游来游去，根本就不是玩具。

想一想猜一猜

- 这是一条盲眼鱼。
- 眼睛盲了怎么能看见东西？它准是假装闭着眼睛，可真是太狡猾了。
- 这是一条机器鱼吧？有机器猫，为什么不能有机器鱼？

玻璃鱼游哇游，慢慢地游过来了，这下看得更清楚了。

这条小鱼的样子真奇怪，想不到竟然没有眼睛。在该长眼睛的地方，只有一个小圆点儿，好像天生看不见。

它真的看不见吗？让我来试一试。我悄悄地伸出手去抓它，它好像看见了似的，一下子就躲开了，怎么也抓不住它。

暗河里的盲鱼隐士

我是小小科学家

这是洞穴盲鱼，它长期生活在黑暗的山洞里，眼睛没有用处，所以就慢慢退化了。有的盲鱼虽然还有眼睛，却被一层皮膜遮住。乍一看，可能会以为它真的看不见。

其实盲鱼也不是完全看不见东西，它只不过是视力不佳，但能模模糊糊地看见一些影子。说它眼盲，还不如说它是高度近视更加切合实际。它的视力虽然不好，但其他的感觉器官却很灵敏，能够帮它探明周围的情况。要不，在一片漆黑的世界里怎么生活呢？

山洞里可以吃的东西很少，盲鱼已经习惯了饿肚子，一般有什么就吃什么，只要饿不死就成。

学到了什么

▶ 盲鱼生活在地下暗河里，全身透明，看上去像是用玻璃做的，眼睛也退化了。

水底"发电机"

《哇啦哇啦报》消息，信不信由你

热带的夏天真热呀。怎么在热带过夏天呢？到海边去玩水吧。

我和几个小伙伴光着脚，踩着海水你追我赶，可高兴了。踩海水，真好玩。

哎呀！不好了，一个伙伴不知道踩着了什么东西，疼得大声叫了起来："我踩着电线了。"

他真的踩着电线了吗？

他的脚一下子麻了，好像触电一样。不是踩着电线，还会是什么？

他真的踩着电线了吗？

好像又不是电线。他说："我踩着了一个圆溜溜、软绵绵的东西。"

电线怎么会是这个样子？不知道他到底踩着了什么东西。

想一想 猜一猜

- 那是不是卷成一团的电线？
- 那是不是一个圆形的插座？
- 那是不是一张电热毯？
- 那是不是一台发电机？
- 那是不是一个新发明的电水雷？
- 那是不是一只带电的乌龟？
- 那是不是一条带电的鱼？

我是小小科学家

最后一个答案是对的，这是电鳗。电鳗和其他的鱼不一样，模样非常古怪。

水底"发电机"

其他鱼的身体都是流线型，从头到尾看上去很和谐。它的身子却分成两截。前半截又扁又平，脑袋和胸部几乎完全连在一起，像是一个圆圆的皮垫子；后半截拖着一条圆滚滚的尾巴，前后连在一起，像是一把大蒲扇。瞧它这副模样，说什么也不会把它和一般的鱼联系起来。

电鳐之所以叫这个名字，是因为它能够发电。它的身体里面有发电器官，这是它的秘密武器，无论怎样凶恶的敌人，它都不怕。

瞧这几个玩水的孩子，在很浅的海水里就踩着一只电鳐，以后谁还敢到海边去玩？

放心吧。电鳐一般藏在很深的海底，只有少数喜欢生活在食物丰富的浅海。放心地在海边踩水玩吧，保证不会踩着它的。

说到这儿，有人会问，既然电鳐会发电，那么可以建造一个特殊的生物发电站吗？那可不行，电鳐的发电量很低，没法儿实现这个奇妙的设想。

学到了什么

▶ 电鳐的模样很奇怪，分成前后两截。它生活在热带和温带的海底，可以发电，所以叫这个名字。

落雁山 奇闻

《哇啦哇啦报》消息，信不信由你

这里是有"世界屋脊"之称的青藏高原，是许多候鸟都会经过的地方。

看哪，天上飞来一群大雁，在老公雁的带领下，整齐地排成人字形，扇动着翅膀用力往前飞。飞过一座座高山，飞过一条条大河，飞到一座满是积雪的高山面前。

这座山真高哇，他们能够飞过去吗？

想一想 猜一猜

- 山中地形复杂，不容易分辨方向。领头的大雁迷路了，才绕着这座山飞来飞去。

- 这里可能是磁力异常地区，干扰了大雁体内的"导航系统"。

落雁山奇闻

老公雁信心十足地看了看面前的雪山，又看了看队伍里疲倦的母雁和小雁，决定干脆从山的旁边绕过去。前面的路还很远呢，它们可不能在这儿浪费太多的力气。

大雁们跟随着老公雁，想绕过面前的雪山。想不到飞了很久，也没有绕过这座奇怪的雪山。仔细一看，发现又飞回原来的地方了。

咦，这是怎么回事，怎么飞来飞去，还是在原来的地方？

大雁们累了，老公雁也没有主意了，只好收起翅膀落下来，带大家找一个地方休息一下。它们决定先弄清楚情况，再接着往前飞。

我是小小科学家

据说，在青藏高原深处有一座神秘的高山。南来北往的大雁飞过这里时，常常会迷失方向，围着这座山来回绕圈子。一些大雁累坏了，纷纷从空中落下来，所以人们把这里叫作落雁山。落雁山到底在什么地方？谁也说不清楚。这可能只是一个传说，也可能真的存在。

为什么大雁会在这里迷路？因为在长途飞行中，大雁除了依靠经验，还要依靠自己身体里面的磁力"导航系统"指引方向。没准儿这里埋藏着一个大磁铁矿，是磁力异常地区，这才使得大雁体内的"导航系统"失灵了。

放心吧，老公雁的经验非常丰富，跟着它，没有飞不过去的山。它们飞过了崇山峻岭，难道还飞不过眼前的这座山吗？

学到了什么

▶ 大雁能够在磁力的引导下长途飞行。磁力异常地区可能会影响它们的飞行方向。

海上免费旅行

《哇啦哇啦报》消息，信不信由你

鲫鱼先生要出远门了。海螺姑娘问它："你要去哪儿？"

鲫鱼先生高高地翘着脑袋，神气活现地说："我想去环游世界。"

哇！海螺姑娘睁大了眼睛，好心提醒它："环游世界，得花多少钱哪！"

鲫鱼先生满不在乎地说："放心吧，不用花钱的。"

海螺姑娘不相信，心想：它要么是在吹牛，要么它就是旅行社老总的舅舅。要不怎么可能一分钱不花就实现这个计划呢？

鲫鱼先生解释说："我搭顺风船，就不用花钱了。"

这可奇怪了，哪儿来的不花钱的"顺风船"？海螺姑娘从来没有听说过这种天上掉馅儿饼的好事。

鲫鱼先生笑嘻嘻地说："信不信由你，这是真的。你等着吧，我会从世界各地给你寄明信片，那样就能证明我没有说谎了。"

鲫鱼先生高高兴兴地出发了。它搭的第一艘"顺风船"是一只大海龟。它悄悄地钻到大海龟的肚皮下面，吧嗒一下，粘得牢牢的。大海龟游到哪儿，就把它带到哪儿。

大海龟游到一座小岛旁边，不

想一想 猜一猜

- 它可能随身带了一个钩子，挂在别的动物的肚皮上，就可以搭"顺风船"了。

- 它用手枪逼别人带着它往前游。

- 它买的是那种不能上船，只能留在水里的廉价票吧。

- 它可能有一种特殊的方法，才能这样免费旅游。

海上免费旅行 | 55

我是小小科学家

鲫鱼又叫粘船鱼。虽然它也是鱼，游泳的本领却非常差。不过它的背上有一个由背鳍进化成的吸盘，能够紧紧地吸住其他动物或船只，这样它就能悄悄地跟着别人到处旅行了。

鲫鱼以为自己很聪明，其实人们比它更聪明。人们利用鲫鱼的这个特殊本领，用绳子拴住它，放到海里钓大海龟。

怎么用鲫鱼钓大海龟呢？等鲫鱼把大海龟粘紧了，使劲一拉绳子，就能连着鲫鱼一起把倒霉的大海龟钓起来了。

再往前游了。于是鲫鱼先生又吸住一只活泼的海豚，跟着它去了更远的地方。后来又换了一只海豹、一头鲸，最后紧紧地贴在一艘大轮船的船底，几乎环游了全世界。

? 学到了什么

▶ 鲫鱼背上有一个吸盘，可以粘在别的动物身上或船底，到处旅行。

泡水的河马

《哇啦哇啦报》消息，信不信由你

瞧，河里泡着一头大肥猪。

大肥猪怎么会泡在水里，不怕淹死吗？这可不行，得赶快把它捞起来才行。

大家跑到河边仔细一看，它长得不太像大肥猪，好像是村里没有出现过的奇怪动物。

"大肥猪"翘着鼻子和嘴巴，还没有走近，鼻子和嘴巴就伸到人们跟前了。它的鼻子、耳朵、眼睛全都长在头顶上，世界上哪有这样的猪？

这头怪猪瞧见黑压压的一群人过来了，就沉到了水下，只露出头顶上的鼻子、耳朵和眼睛。它躲在水里偷看这些人，似乎想知道他们到底打算干什么。

这样一来，大家更加觉得稀奇了，都议论纷纷。

有人说："是不是老母猪生了一个怪胎？"

想一想 猜一猜

- 这就是一头大肥猪。
- 这是一种长得像猪的奇怪动物。
- 这可能就是传说中的猪八戒。

有人猜："它是不是猪八戒变的？猪八戒是天蓬元帅，和孙悟空一样会变化，什么东西变不出来？"

大伙儿七嘴八舌地议论着，但还是说不清这是什么东西，也不知道它能在水里泡多久。万一泡得太久，淹死了怎么办？想到这里，大家不管三七二十一，又喊又叫，用竹竿捅、石头砸，硬是把它从水里赶了出来，它很不情愿地爬上了岸。

这下大家看清楚了。只见它的身子圆鼓鼓的，好像一个水桶，又肥又大的肚皮几乎拖到了地面上。它的四条腿又短又粗，走路时一摇一晃的，反倒没有在水里那样灵活自在，看起来有些不灵便。它一边走一边呼噜呼噜地直喘气，仿佛对大伙儿硬生生地把它从水里赶出来有意见。

我是小小科学家

这是河马，不是猪。河马不是河里的马，而是一种生活在非洲的热带动物。它的游泳本领很高，泡在水里的时间比在岸上的时间要多得多。因为它的鼻子、耳朵、眼睛全都长在头顶上，所以可以同时露出水面，自由自在地呼吸空气，也能听见外面的声音，还能看见外面的东西。有趣的是，它的鼻孔、耳孔和眼睛都有活动的"阀门"，可以自动关闭、张开，不管在水里泡多久，水都不会灌进去，真奇妙哇。

河马泡在水里吃什么，是不是抓鱼吃？

不，它在水里吃水草。只要不惹它生气，它一般不会攻击人，大家尽管放心吧。

学到了什么

▶ 河马是水陆两栖动物，既能在水里潜伏，也能上岸活动。为了适应水里的生活，它的鼻子、耳朵、眼睛都长在头顶上，可以同时露出水面。

披毛的大象

《哇啦哇啦报》消息，信不信由你

爷爷的屋子里有许多古籍。星星和毛毛瞧着这一大堆书，心想：书里准有许多有趣的故事。

两个孩子翻开其中的一本书，真的读到了一个奇怪的故事。

据说，在遥远的北方冰层下面，有一种长毛的"大老鼠"，被埋藏在泥土里面。这可不是一般的老鼠，它的体重至少有1000斤重。

哇，这是什么"大老鼠"？

老鼠怎么能钻到冰层下面，一直钻进冻结的泥土里？

老鼠只有一丁点儿大，世界上哪有1000斤重的"大老鼠"？

星星说："嘻嘻，这是骗人的。"

毛毛说："我也不信。"

星星问爷爷："这是童话故事吗？"

爷爷摇了摇头，说："不是的。"

毛毛问爷爷："这是科幻小说吗？"

爷爷又摇了摇头，说："古时候没有科幻小说。"

两个孩子瞧着爷爷，悄悄地说："爷爷准是糊涂了，才会相信这样的故事。"

想一想 猜一猜

- 爷爷真的糊涂了。
- 谁说古代没有科幻小说，这就是活生生的例子。
- 没准儿古时候真有那么大的老鼠。
- 这不是老鼠，而是一种珍稀动物。

我是小小科学家

这不是"大老鼠",而是早就灭绝了的一种大象,科学家称之为猛犸象,它生活在上万年前的第四纪冰期。那时候天气非常寒冷,大象没有羽绒服,不长这样的长毛,怎么活下来?

猛犸象身上的毛有50厘米长,下面还有一层密密的绒毛,加上厚厚的皮下脂肪,就能忍耐严寒的气候了。

那时候死掉的猛犸象,被埋藏在冻结的土地里,一直保存了下来。

爷爷听见了,一本正经地说:"我没糊涂,这本书上写得清清楚楚。古人说的话,你们这些毛孩子怎么不相信?"

? 学到了什么

▶ 在第四纪冰期,为了适应寒冷的气候,曾经出现过一种披毛的大象,叫作猛犸象。有的猛犸象被埋在冰层下,一直保存到了今天。

犀牛背上的小鸟

《哇啦哇啦报》消息，信不信由你

小兔子遇见一只大犀牛，吓得拔腿就跑。

一只小鸟问它："这是怎么啦？瞧把你给吓的。"

小兔子说："哎呀，不得了了，有一个大家伙过来了。"

小鸟问："是大象吗？"

小兔子摇了摇头，说："不是的。"

小鸟再问："是大狮子吗？"

小兔子说："不是的。"

小鸟又问："到底是谁呀？"

小兔子指着小鸟的背后说："你自己看吧。"

小鸟一看就乐了，告诉它："这是我的好朋友大犀牛呀！"

小兔子不可置信地说："你别吹牛啦，大犀牛一口就能吃掉你。如果不赶快逃跑的话，连我也会被它吞进肚里。"

想一想 猜一猜

- 这只小鸟是犀牛的亲戚，犀牛当然不会伤害它。
- 这只小鸟很厉害，能啄伤犀牛的眼睛，犀牛不敢伤害它。
- 这只小鸟很狡猾，躲在犀牛背上，犀牛咬不到它。
- 犀牛是近视眼，没有瞧见这只小鸟。
- 犀牛心肠好，从来不伤害弱小的动物。
- 没准儿它们有什么特殊关系吧？

小鸟安慰它说："不会的，它只吃草，不吃肉，从来也没有吃过兔子。"

小兔子不好意思地说："就算

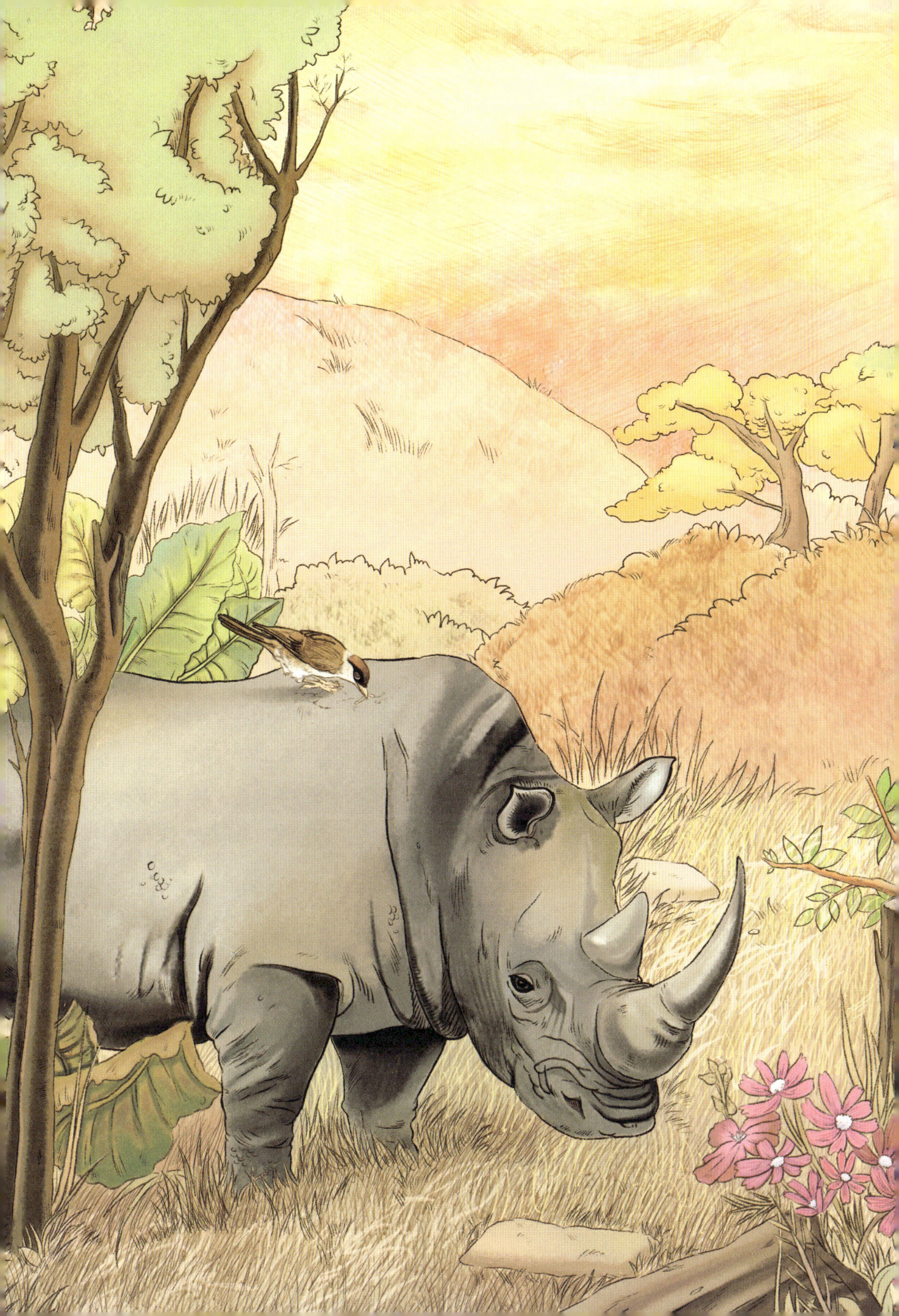

我是小小科学家

这是与犀牛有着共生关系的犀牛鸟。犀牛的皮肤上有许多褶皱，一些寄生虫和蚊子常常钻进去吸犀牛的血。犀牛感到又痒又痛，却一点儿办法也没有。犀牛鸟会帮犀牛清理这些小虫子，犀牛高兴还来不及呢，怎么会吃它。犀牛是近视眼，看不清楚远处的东西，狮子来了也不知道。犀牛鸟看见了狮子和其他食肉动物，就会叽叽喳喳地叫着飞起来，向自己的朋友报告。凭着这一点，犀牛也欢迎它给自己做伴。

它不吃兔子肉，也会一脚踩死我呀。"

小鸟说："放心吧，它的心肠可好啦。它可是我的好朋友，难道我不了解它的脾气吗？"

小兔子说："你别吹牛啦，犀牛那么大，怎么会和你做朋友。"

小鸟说："信不信由你，它正等着我呢。"

话刚说完，小鸟就拍了拍翅膀飞到大犀牛的背上，大犀牛真的没有伤害它。

学到了什么

▶ 犀牛鸟以犀牛皮肤里的小虫子为食，还会向犀牛发出警报，是犀牛的好朋友。

鳄鱼的眼泪

《哇啦哇啦报》消息，信不信由你

暖洋洋的阳光下，河水懒洋洋地流淌着，水面上浮着一根"木头"。

那根"木头"一动也不动，好像搁浅了似的，河水从它身边流过，压根儿就冲不动它。

天气实在太热了，几只羚羊走到河边喝水。周围静悄悄的，没有一丁点儿声响。胆小的羚羊东看看、西看看，觉得这里没有危险，就放心地走到水边低头喝水了，谁也没有注意到那根漂浮的"木头"。

一只羚羊喝了水，两只羚羊喝了水，第三只小羚羊蹚着水想走得远些，喝一口更清凉的河水。只见它迈着步子，慢慢地靠近了那根一动也不动的"木头"。

哎呀！不好了，那根"木头"忽然动了，露出了眼睛和尖利的牙齿。原来这是一只鳄鱼。

鳄鱼张开大嘴巴，一口咬住了可怜的小羚羊，拖进水里吃掉了。鲜红的血液立刻染红了河水，太可怕了。

过了一会儿，奇怪的事情发生了：鳄鱼的眼睛里忽然浸出了一颗亮晶晶的泪珠儿……

想一想 猜一猜

- 鳄鱼后悔了。
- 鳄鱼在作秀。
- 鳄鱼的眼睛里落进了一粒沙子。
- 这是一种特殊的生理现象吧？

我是小小科学家

鳄鱼不是鱼,它是一种大型爬行动物。恐龙也是爬行动物,说起来它们还是远亲呢。

它明明不是鱼,为什么叫作鳄鱼?因为它总是生活在有水的地方,游泳技术特别高超,一点儿也不比别的鱼差,所以人们就把它当作一种鱼了。它正儿八经的名字应该是"鳄"。

虽然它和恐龙是亲戚,却不像许多恐龙一样在陆地上活动,它总是靠近水边生活,喜欢只露出眼睛和鼻孔,一动不动地浮在水面上,也喜欢趴在沙滩上晒太阳。

它趴在那里一动不动,是在打瞌睡吗?不是的,那是它的伪装。如果它一天到晚神气活现的,谁还敢走到它的身边?它就是用这种伪装术欺骗别的动物,让它们主动送上门的。它可真狡猾呀。

为什么鳄鱼吃了东西后,常常会流眼泪?它可不是在悔过,而是用这种办法排泄身体里面多余的盐分。请你一定要牢牢地记住,千万别相信鳄鱼的眼泪。

? 学到了什么

▶ 鳄鱼的名字起错了,它根本就不是"鱼",而是像恐龙一样的爬行动物。

▶ 鳄鱼是天生的冷血动物,没有慈悲心,不会流下悔过的眼泪。

热水锅里的活鱼

《哇啦哇啦报》消息，信不信由你

这是一个真实的故事。

据说在 20 世纪 30 年代，曾有一个探险家划着一艘小船，驶向神秘的北太平洋。他正在欣赏海上的风光时，忽然起风了，小船被浪打翻了。他被抛进了汹涌的大海里，用尽了全身的力气才又爬上船，真是危险极了。

他划着小船，不知在海上漂流了多久，来到了一个陌生的地方。他抬头一看，看见了一座黑乎乎的小岛，连忙用力划了过去。

这是千岛群岛中的一座无名小岛。岛上非常荒凉，看不见一个人影。他饿得要命，摇摇晃晃地走上岸，想找一些东西来填饱肚子。

正在这个时候，他忽然看见小河里漂浮着什么东西。走过去一看，发现原来是一条条肚皮朝天的"死鱼"。如果在平时，他对这些"死鱼"

> **想一想 猜一猜**
> - 是他看花眼了吧？
> - 他被风浪吓糊涂了，说的是胡话，谁也不会相信他。
> - 这是一个奇怪的梦。
> - 死鱼怎么可能会变成活鱼呢？
> - 这些鱼并没有死，只是睡着了。
> - 这是不是魔法？
> - 它们是不是妖精变的？
> - 它们是不是海龙王？

看也不会看一眼，可是现在他饿坏了，也不管那么多了，连忙捞起来，生起一堆篝火，丢进锅里煮来吃。

锅里慢慢地冒出了热气，水已经烧热了。他揭开锅盖一看，几乎

我是小小科学家

这个探险家好不容易才弄明白事情的真相。原来这是一座火山岛，火山口里有一个小湖。受到火山的影响，湖水的温度很高。不知道什么原因，这个湖里居然有一些鱼生活。它们习惯了这种温度，在冷水里反而不适应了。不知道怎么回事，一些火山口里的鱼被带进了冰冷的小河，冻得昏了过去。多亏这个探险家生起了火，烧热了锅里的水。这些半死的鱼泡进热水里，不但没有被烫死，反倒活过来了。

不敢相信自己的眼睛。只见那些"死鱼"全都活了，正在热锅里自由自在地游来游去呢。

锅里的"死鱼"怎么变成了活鱼？这真是一件怪事。

学到了什么

▶ 想不到在火山口的热水里也有鱼生活，真奇怪。

蜘蛛"飞行家"

《哇啦哇啦报》消息，信不信由你

风儿轻轻吹，柳条儿轻轻摇。蜘蛛先生告别了河边的柳树姑娘，要出门旅行去了。

柳树姑娘问它："喂，你怎么旅行，难道就靠八条细细的腿慢慢爬吗？"

蜘蛛先生说："那可不成，得花多少时间哪！"

柳树姑娘说："你有腿不用，难道还想飞吗？"

蜘蛛先生点了点头，说："你说对了，我就是打算飞着环游世界呢。"

柳树姑娘问："你买飞机票了吗？"

蜘蛛先生摇了摇头，说："干吗花钱买飞机票？再说，我没有身份证和护

想一想 猜一猜

- 这明摆着是开玩笑，千万别当真。
- 吹牛皮。如果蜘蛛能飞，青蛙也要飞上天了。
- 它喝醉了，在说醉话。
- 它发高烧了，在说胡话。
- 别小看了它，它可能真有一手。

我是小小科学家

蜘蛛没有翅膀怎么飞？

原来它是依靠自己的拿手好戏——吐蜘蛛丝，实现飞上天的梦想。蜘蛛丝很轻很轻，随着一阵风就能飘起来，带着小小的蜘蛛飞上天空。在有风的时候，只要它的心情好，就可以用这一招儿，随风飞上天。

是呀，细细的柳絮和蒲公英种子全都可以飘上天，比柳絮和蒲公英种子还轻的蜘蛛丝，为什么不能带着蜘蛛飞起来呢？

照，也没有资格乘飞机。"

柳树姑娘觉得很奇怪，不买飞机票乘飞机，怎么在空中飞呢？

蜘蛛先生说："不坐飞机就不能飞吗？野鸭、燕子和天鹅都没有坐过飞机，每年还不是照常春去秋来吗？"

柳树姑娘提醒它："它们是鸟，有翅膀。你也想飞，可你有翅膀吗？"

蜘蛛先生板着脸说："谁说没有翅膀就不能飞？我就是没有翅膀的飞行家，要让世界开开眼。"

哈哈！哈哈！柳树姑娘笑疼了肚子。它想：这只蜘蛛准是想飞想得发疯了，要不就是在开玩笑。

蜘蛛先生一本正经地说："这不是开玩笑。咱们蜘蛛一是一、二是二，谁见过蜘蛛开玩笑？不信，你就等着瞧吧。"

哟，看样子它要来真的了。柳树姑娘压根儿就不信，想看看它怎么飞上天。

学到了什么

▶ 蜘蛛也是"飞行家"，抓住自己的蜘蛛丝就能飞上天。

奇怪的"文字鱼"

《哇啦哇啦报》消息，信不信由你

在非洲坦桑尼亚有一个桑给巴尔岛，这里发生过一件怪事。

有一天，一个人在菜市场上买了一条黑色的刺蝶鱼，打算拿回家煮汤。他把这条鱼拿在手里一看，不禁吃惊地叫了起来。

哎呀，这是怎么回事？这条鱼身上弯弯曲曲的白色条纹，好像是写在黑板上的粉笔字。细细一看，很像古代的阿拉伯文，非常有趣。

当他再低头一看，奇迹出现了。想不到鱼身上的白色条纹里，居然有一个简单的句子，像是谁故意写上去的。他看了又看，不由得大声地喊了起来。

他的喊声惊动了旁边的人，大家一窝蜂似的围上来，看见鱼身上的字，都惊奇得瞪大了眼睛。人人都争着想买这条鱼，带回家作为特殊的收藏品。原本只值一个卢比的鱼，经过一番激烈的争夺后，竟然拍卖到了一万卢比的高价。

想一想 猜一猜

- 鱼身上为什么会有字？准是一条神鱼。
- 看花眼了吧？
- 这是鱼贩子的诡计。准是他故意在鱼身上写字，好卖高价。
- 这是真的。大海里无奇不有，可能真有这种鱼。
- 骗人的鬼话。这个故事是乱编的。
- 这是一个神话故事。
- 这一定是科幻小说。

厉害的臭屁武器

我是小小科学家

别瞎猜啦。这是一条罕见的刺蝶鱼，黑颜色的身上本来就有东一条、西一条的白色花纹，这些花纹完全没有一丁点儿规律，好像是水底的斑马。所谓的"字"，只不过是巧合而已。

为什么刺蝶鱼会长成这副模样？因为这是它的保护色，就像穿了一套迷彩服一样。它生活在海底的珊瑚礁里，常和凶猛的鲨鱼"捉迷藏"，只有这样打扮，才能骗过鲨鱼的眼睛，像草原上的斑马一样保护自己。

? 学到了什么

▶ 非洲的海里生活着一种刺蝶鱼。

▶ 刺蝶鱼生活在海底的珊瑚礁里。

▶ 刺蝶鱼是黑色的，身上有一条条白色的、弯弯曲曲的花纹，很像写在黑板上的粉笔字。

▶ 刺蝶鱼身上的花纹和斑马类似，具有保护作用。

南海美人鱼

《哇啦哇啦报》消息，信不信由你

我搭了一艘小渔船，在南海上航行，向划船的老渔夫打听："你读过安徒生的童话《海的女儿》吗？大海里是不是真有善良的美人鱼？"

老渔夫说："有哇，我曾经看见过。"

他一边划着桨，一边慢悠悠地讲述他的奇遇。

有一次他出海，漂流了很久很久，不知随着风浪漂流到什么地方了。天色渐渐晚了，忽然听见远处传来一阵歌声。声音忽高忽低，断断续续的，随着风在海上四处传播。仔细听，又不像是有人在唱歌，不知道是怎么回事。

老渔夫被好奇心驱使，决定去探个究竟。他划着船，顺着歌声找去，在朦胧的月光下，看见一个陌生的姑娘躺在海面上，怀里抱着孩子，咿咿呀呀地唱着歌。

想一想 猜一猜

- 童话故事都是假的，哪有什么美人鱼。
- 这个老渔夫不是喝醉了，就是老眼昏花看错了。
- 它是不是一条娃娃鱼？
- 它是不是妖精？
- 它可能是一种住在海底的人类。
- 要相信这个诚实的老渔夫，他说的肯定是真的。

他再仔细一看，这哪是什么姑娘，原来是拖着半截鱼身子的美人鱼。它看见了陌生人，一下子就钻进海里不见了。

我完全被老渔夫讲的这个奇遇迷住了，盼望着也能遇见一条美人鱼。可是茫茫大海，要去哪儿找呢？

我是小小科学家

老渔夫没有说谎，海里有一种叫儒艮的动物，是属于海牛科的海洋动物。它和别的海洋动物不同，身上有毛，用肺呼吸，会发出唱歌似的声音。儒艮的上半截身体有乳房，后面拖着一条长长的尾巴。它们时常抱着幼崽浮出海面喂奶。远远一看，真像一个姑娘，说它是美人鱼，一点儿也没错。

? 学到了什么

▶ 老渔夫所说的美人鱼就是海牛科的儒艮。儒艮上半截身体有乳房，下半截身体是鱼尾巴的形状。它用肺呼吸，常常钻出水面换气。它还能发出唱歌一样的声音。乍一看，真的像一个姑娘。

小小"鱼医生"

《哇啦哇啦报》消息，信不信由你

俗话说，大鱼吃小鱼。有没有大鱼不吃小鱼的？

有哇！生病的大鱼遇着了"鱼医生"，就不会吃掉它。

人们生病时找医生看病，鱼生病时也会找医生看病吗？

对呀！"鱼医生"就是专门给一些生病的大鱼看病的。

哈哈！我肚子都笑疼啦。大海里没有医院，哪儿来的医生啊？如果真有医生跳进大海，想给鱼治病，估计还来不及给鱼看病，就得赶快让别人给他做人工呼吸了。

哦，要向大家说清楚，我们说的不是给鱼看病的医生，而是真正的"鱼医生"。"鱼医生"是鱼，不是人。

你不信吗？请你自己去看吧。

一条大鱼牙疼得要命，张开嘴巴直喘气。一条小鱼游过来，看了看大鱼，好像在问它："您生病了吗？我来给您治病吧。"

大鱼好像认识它似的，连忙把嘴巴张得大大的，小心翼翼地尽量不碰着小鱼的身子，让它钻进去。小鱼笔直地游进了大鱼的嘴巴，在里面鼓捣了一阵子才慢慢地游出来。大鱼似乎好多了，慢慢地闭上了嘴巴。

瞧，这就是给生病的鱼治病的"鱼医生"啊。

想一想 猜一猜

- 哈哈！这是童话故事。除了小朋友，谁也不会相信。
- 它是不是专门给鱼治病的机器鱼？

我是小小科学家

信不信由你，大海里真有这回事。给大鱼治病的是小小的霓虹刺鳍鱼，它的个头儿非常小，周身颜色鲜艳。牙疼的大鱼瞧见它时，都乖乖地张开嘴巴，耐心地让它钻进去检查。不管这些大鱼平时多么凶狠，都不会咬它。

霓虹刺鳍鱼怎么给大鱼治病呢？

原来大鱼的喉咙和牙齿缝儿里有寄生虫，弄得它们很难受。霓虹刺鳍鱼钻进大鱼的嘴巴里，把那些讨厌的东西吃得干干净净。它吃饱了，生病的大鱼也舒服了，这对大家都有好处，大鱼为什么要吃掉它呢？

因为霓虹刺鳍鱼能为大鱼清洁嘴巴，所以人们又叫它"清洁鱼"。

? 学到了什么

▶ 霓虹刺鳍鱼能吃掉大鱼嘴巴里的寄生虫，是名副其实的"鱼医生"，也是称职的"清洁鱼"。

分开鱼的界线

《哇啦哇啦报》消息，信不信由你

两个国家之间有国界，没有护照和签证不能随便往来。鱼在水里游泳，也有不能随便跨越的界线吗？

有的，云南的抚仙湖和旁边星云湖里的鱼就不能随便游过中间的界线。

星云湖紧挨着抚仙湖，中间有一条小河相通，湖水可以流过去。生活在两个湖里的鱼完全不一样。抚仙湖里住着抗浪鱼，星云湖里住着大头鱼，好像没有护照就不能越过国界一样，它们不能自由自在地在两个湖之间游来游去。

连接两个湖的小河之上有一块奇石，相传为"界鱼石"。明代云南巡抚姜思睿游览界鱼石时感慨不已，题了一首诗："星云日向抚仙流，独禁鱼虾不共游。岂是长江限天堑，居然尺水割鸿沟。"真有趣呀！传说乾隆皇帝到这里巡游时，觉得很稀奇，亲笔写了"界鱼石"三个大字。后来，这三个字被刻在了一块石碑上。不信的话，自己去看看吧。

想一想 猜一猜

- 这两个湖是不是由两个龙王管理的水下王国？没有护照和签证，当然不允许随便过去啦。

- 鱼认识字，瞧见乾隆皇帝写的"界鱼石"三个字，就不敢游过去了。

- 没准儿一边的鱼很厉害，另一边的鱼害怕被吃掉，才不敢游过去。

- 会不会一边是咸水，一边是淡水？咸水鱼不喜欢淡水，淡水鱼不喜欢咸水。

我是小小科学家

之所以发生这种现象和两个湖里的环境不一样有关系。

抚仙湖很深也很大,湖里的食物很少,加上常常有大风浪,别的鱼都不愿意在这儿生活。只有不怕风浪的抗浪鱼才能生活在这里。星云湖很小很浅,湖里的食物很多。大头鱼在这里生活得好好的,干吗要去抚仙湖里过苦日子呢?

❓ 学到了什么

▶ 抚仙湖和星云湖相通,可两个湖里的鱼却不来往。

▶ 两个湖里的鱼不来往,是因为生活环境不一样。

热闹的渔场

《哇啦哇啦报》消息，信不信由你

春天来了，舟山群岛热闹起来了。一艘艘渔船驶出海港，在海上撒网捕鱼。白天能看见海面上的一面面帆影，晚上到处都是星星点点的渔火。原本冷清的海面，一下子就热闹起来了。

我问一位老渔民，为什么这么热闹？

他笑眯眯地告诉我："一年一度的'小黄鱼汛'来了呀。"

说着，他顺手拉起渔网，只见渔网里果真装满了活蹦乱跳的小黄鱼。他高兴得合不拢嘴。

看着这么多的渔船和被渔民捞起来的一网网鱼，我有些不明白，鱼汛是怎么形成的呢？

想一想 猜一猜

- 不管什么时候海里都有很多鱼。傻乎乎的鱼自投罗网，压根儿就没有什么鱼汛。
- 可能是鲨鱼把小黄鱼赶到这儿来，形成了鱼汛，应该把鲨鱼也一网打尽才好。
- 小黄鱼是在这儿开会吧？
- 海龙王要查户口，所有没有户口的小黄鱼都来了。
- 是不是一股海浪把这些小黄鱼冲过来的？

我是小小科学家

大海里的鱼也和生活在热带或寒带等不同地区的人一样，有的喜欢生活在温暖的海水里，有的喜欢生活在寒冷的海水里。暖流和寒流交汇处常常会形成特大的渔场。世界三大渔场之一的北海道渔场，就是日本暖流与千岛寒流交汇形成的。北美洲的纽芬兰渔场是南方来的墨西哥湾暖流与北方来的拉布拉多寒流交汇形成的。欧洲的北海渔场是南方来的北大西洋暖流与北方来的东格陵兰寒流交汇形成的。

我国的舟山渔场是这样形成的。春夏季节台湾暖流从南方而来，带来大量喜暖的鱼群。到了秋冬季节，寒冷的黄海冷流又大举南下，带来许多喜冷的鱼类。这里由于正好处于长江、钱塘江、甬江入海口附近，带来大量的有机质，为浮游生物繁殖提供了得天独厚的环境。这些浮游生物就是鱼最好的食物。这里是适宜多种鱼类繁殖、生长、越冬的好地方。小黄鱼、大黄鱼、乌贼和带鱼是舟山渔场有名的四大渔产。

? 学到了什么

▶ 不同温度的海流带来不同的鱼类。在暖流和寒流交汇的地方，容易形成渔场。在舟山群岛的不同季节，有小黄鱼汛、大黄鱼汛、乌贼汛、海蜇汛、带鱼汛等。

大海里的"活鱼雷"

《哇啦哇啦报》消息，信不信由你

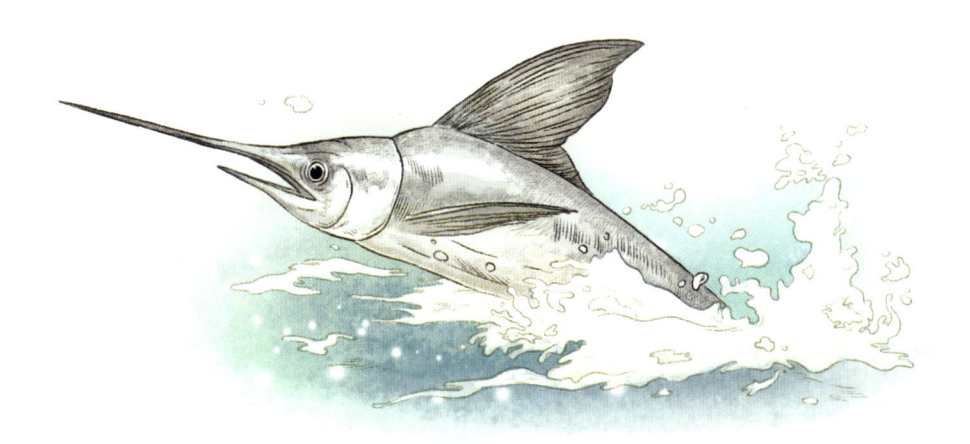

这是一个真实的故事。

据说，在第二次世界大战期间，有一艘英国油轮在大西洋上航行，水手们忽然看到远处有一个又细又长、黑乎乎的东西，飞快地朝油轮冲来，大家吓坏了，以为遇着了德国潜艇，立刻发出警报。可是已经来不及了，那个黑东西一下子就冲到跟前，随着一声震耳的响声，船身被撞出了一个大窟窿。汹涌的海水不断地涌进船舱。

船上乱成了一团，水手们一边忙着堵塞漏洞，一边还得防着想象中德国潜艇的第二次进攻。当他们低头一看，不由惊奇得瞪大了眼睛。

想一想 猜一猜

- 这个故事太好笑了，是不是编造的？
- 这是愚人节的玩笑吧？
- 德国鱼雷先在船上打了一个洞，箭鱼才钻进来的。
- 说不定真是剑鱼干的。

我是小小科学家

别小看剑鱼,它的嘴真的像利剑一样,可以刺穿许多东西。古时候,木船被它刺穿,甚至因此而沉没的事故可多啦。只是想不到它居然还能刺穿厚厚的现代铁皮船板,难怪那些英国水手以为是遭遇了德国潜艇的攻击。

为什么剑鱼能这样?

不消说,这和它特别尖锐的嘴有关系。这不是像鸟一样的嘴,而是它长而尖的上颌。

为什么剑鱼能这样?

这还和它的游泳速度有关系。它是大海里的游泳冠军,平均速度可达每秒28米。如果请它参加奥运会,只需要3秒多的时间,这场比赛就结束了,谁也不能和它相比。

为什么剑鱼能这样?

这也和它的个头儿大小及体重有关系。它的身长达到5米,体重足足有650千克,差不多和一辆汽车一样重。

知道它的这几个特点后,就能理解为什么它可以击穿船舷了。你知道吗?空中一只鸟和高速飞行的飞机相撞,可以将飞机击穿一个洞,甚至可以将飞机击落。一个同样也很重、很快,又挺着一根尖尖的"嘴刺"的剑鱼,飞快地撞上一只船,会产生什么后果就不难想象了。

想不到根本就不是鱼雷炸出的窟窿,而是一条剑鱼。剑鱼又尖又硬的长嘴像利剑似的穿透了船舷。最后它无力拔出自己的"长剑",只能乖乖地当了俘虏。水手们感到又好气又好笑,于是解除了德国潜艇的攻击警报,人们总算松了一口气。

学到了什么

▶ 剑鱼长有一根坚硬的"嘴刺",个头儿大、游泳速度快,好像大海里的"活鱼雷"。

海底"钓鱼郎"

《哇啦哇啦报》消息，信不信由你

鳖鱼长什么样子？

它的样子怪里怪气的。大脑袋、大嘴巴、大肚皮、小眼睛、凹额头、身上还长着许多小疙瘩。说它有多古怪，就有多古怪。

鳖鱼是什么颜色的？

大多数的鳖鱼呈黑灰色，躲藏在暗沉沉的海底，很难被人发现。可是有的鳖鱼颜色却非常鲜艳，全身金黄，长有一条条的斑纹。

为什么它们的颜色有这么大的差别？

这是它的伪装啊！在灰暗的角落里是灰暗的颜色，在五颜六色的珊瑚礁里，就会变得像珊瑚枝一样鲜艳了。说它是海底变色龙，一点儿也没有错。

信不信由你，鳖鱼不仅会变色，它们中的有些种类还会变形。

鱼会钓鱼吗？

想一想 猜一猜

- 它准是一个妖精，才有钓鱼的本领。
- 它准是偷了老渔夫的钓竿，学会了钓鱼的技术。
- 它可能是东海龙王的厨师吧？东海龙王要吃鱼，它当然得去钓鱼。
- 它可能是一种天生就会钓鱼的鱼。

可以呀！海底的鳖鱼就是钓鱼的高手。

这是真的吗？

当然是真的，鳖鱼的看家本领就是钓鱼。

想一想，海底藏着一种会钓鱼的鱼，这难道还不奇怪吗？

我是小小科学家

鱼的颜色发生变化还可以想象,可身体形状怎么会发生变化呢?莫非它也有齐天大圣孙悟空七十二变的本领不成?

请看鳖鱼是怎么变形的吧。

当它游到泥沙和岩石附近时,就会悄悄地放松身体,变成与周围环境差不多的样子。它的表皮非常松弛,长满了许多鼓起的小疙瘩,静静地趴在海底泥沙里不动,猛一看,简直就像一块石头,粗心大意的鱼压根儿就没有想到,这儿还藏着一个凶恶的敌人,还没有看清楚这个敌人的模样,就稀里糊涂地送了命。世界上许多猎人都会伪装,可谁也比不上海底的鳖鱼,它才是了不起的伪装高手。

鳖鱼有多大?

它一般只有巴掌大小。别看它只有这么大,却是有名的海底"钓鱼郎"。

鳖鱼怎么钓鱼?

它的钓竿在脑袋上,原来这是它的一根进化得又细又长的背鳍。当它轻轻地晃动着这根奇怪的"钓竿"时,会把傻里傻气的小鱼引诱过来。此时它就张开大嘴巴,毫不客气地把倒霉的小鱼一口吞进肚子里了。

? 学到了什么

▶ 海底的鳖鱼能够根据周围环境的特点,改变自己的颜色和形状,还能用"钓竿"引诱猎物上当。

咳嗽的"海老人"

《哇啦哇啦报》消息，信不信由你

"咳、咳、咳……"

深深的海底忽然传来一阵老人咳嗽的声音。

"咳、咳、咳……"

咳嗽的声音还在不停地响，好像有一个老人在不停地咳嗽。

咦，这可奇怪了。海底怎么会有老人咳嗽的声音？

"咳、咳、咳……"

声音越来越清晰了，好像真有一个生病的老人在咳嗽。

朝声音传来的方向看去，看不见人影，只看见一片绿莹莹的微光不停地闪烁。

那是什么？是一个浸泡在海水里的老人吗？绿莹莹的亮光是不是他发出来的求救信号？得赶快去救他，要不然他就淹死了。

想一想 猜一猜

- 准是一个老人落水，在用力呼救。
- 是不是海底有人？
- 是不是海底有妖精？

我是小小科学家

哈哈！你们全都猜错了。咳嗽的不是老人，也不是妖精。谁也想不到，这是一条鱼发出来的叫声。

鱼全都是天生的哑巴，不会说话，怎么会叫呢？

世界上什么事情都有例外。这是一条会发出声音的怪鱼。

它是谁？

它的大名叫作鮟鱇。因为它的叫声非常古怪，好像老人咳嗽似的，所以又叫老人鱼或结巴鱼。它的外表有些像青蛙，因此又叫海蛤蟆、蛤蟆鱼。不管是哪一个名字，都能表现出它的特点，真是一条有个性的鱼呀！

鮟鱇和鳘鱼一样，也是有名的钓鱼高手。它的钓鱼技术非常高明。来回晃动着脑袋上的鳍棘，无知的小鱼会误以为是食物。它还有3根鳍棘可以发光，在黑沉沉的海底特别显眼，也是引诱小鱼上当的最好工具。傻乎乎的小鱼游到它附近就再也别想逃掉了。

鮟鱇只抓比它小的鱼吗？

那可不见得。它没有肋骨，肚皮可以撑得很大，可以一口吞下比自己大的猎物。它的牙齿又尖又硬，还有向里长的倒钩，只要进了它的嘴巴，猎物就别想逃出来。

学到了什么

▶ 鮟鱇也是躲在海底的"钓鱼"杀手，不管是大鱼还是小鱼，统统能被它吞进肚里。

鲸鱼背上的"喷泉"

《哇啦哇啦报》消息，信不信由你

哎呀，不好了，小弟弟和小妹妹坐的船翻了。茫茫大海，一眼望不到头，周围连一座小岛、一块礁石也没有，准会淹死在水里。

小妹妹吓哭了，小弟弟心想：除非出现奇迹，否则就甭想活命了。

小妹妹吓得叫妈妈，小弟弟急得大声喊"救命"。可是妈妈在老远的家里，海上也没有人影，谁会来搭救他们呢？

信不信由你！一个大浪打来，当他们正要沉下去的时候，忽然觉得脚下踩着一个软绵绵的东西，他们一下子被托出了水面。

咦，这是什么东西？

小弟弟猜："是不是一只大海龟？"

不对呀，海龟的背壳很硬，怎么会是这个样子？

小妹妹猜："是不是海底火山喷发形成的火山岛？"

也不对呀，脚下冷冰冰的，刚刚喷发的火山怎么会是这个样子？

两个孩子正感到纳闷，忽然脚下冒出一股水，从头到脚地浇下来，像是在给他们洗淋浴。

咦，这是怎么回事？

小弟弟猜："是不是一股天然的喷泉？"

小妹妹猜："我们是不是走进

想一想 猜一猜

- 这就是天然喷泉。
- 这是海龙王的洗澡间。
- 没准儿是从什么动物身上喷出来的吧？

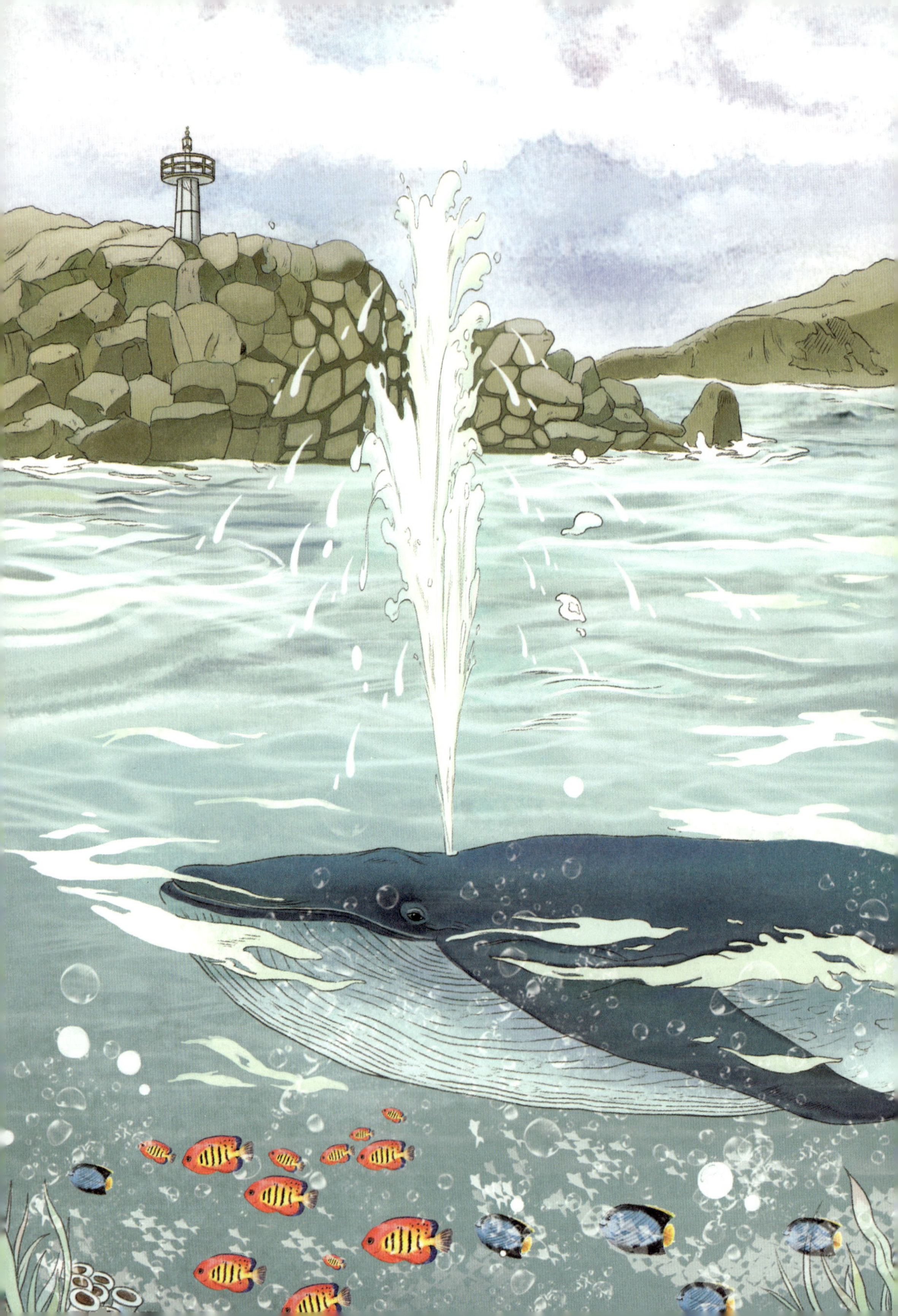

鲸鱼背上的"喷泉"

我是小小科学家

　　这是鲸鱼喷出的水柱。鲸鱼不是鱼，是生活在大海里的哺乳动物，所以它名字的正确叫法是"鲸"。它虽然生活在水里，但是要用肺呼吸。如果没有氧气，就没有办法活下去。鲸的鼻孔长在头顶，位于两只眼睛的中间。有的鲸两个鼻孔挨在一起，有的鲸两个鼻孔合并为一个。鲸的肺很大，每隔十几分钟就要浮出水面换一次气，要不然就会被憋死。它换气的时候，要先把肺里的大量废气排出来。在强大压力的作用下，不仅喷出了气体，也喷出了流进鼻腔里的海水，就形成了高高的水汽柱了。

　　不过你放心，大多数鲸只吃浮游动物、软体动物和鱼，不会像鲨鱼一样攻击人。

了浴室？"

　　小弟弟和小妹妹都糊涂了。

? 学到了什么

▶ 鲸是哺乳动物，和我们人类一样也需要呼吸。呼气的时候，把气和水一起喷出来，形成了特殊的水汽柱。

海怪！海怪！

《哇啦哇啦报》消息，信不信由你

一个水手说："哎呀，可不得了，我遇着了一只海怪。"

有人问他海怪长什么样。

他说："这只海怪伸出七八只手，紧紧地抓住船舷，差点儿把船弄翻。"

另一个水手说："妈呀！简直吓破了我的胆。漆黑的大海上突然冒出一只海怪，张开大嘴巴，差点儿连人带船把我们一起吞掉。"

第三个水手说："老天爷呀！我瞧见的海怪更加古怪，圆滚滚的身子有十几米长，只消用力往上一拱，就会拱翻我的船。"

海怪到底长什么样，几个人争来争去，也没有得出结论。

想一想 猜一猜

- 大海这么大，海怪当然也不少。他们看见的全都是真的。
- 这是幻觉吧？
- 在海上漂久了，他们的神经可能出了问题。这些神经错乱的水手需要去医院好好治疗一下。
- 嘻嘻，他们神话故事听得太多了，自己也开始编故事了。

我是小小科学家

他们全都没有错。第一个水手看见的可能是大章鱼，第二个水手看见的可能是鲸，第三个水手看见的可能是大海蛇。

大海里古怪的动物很多，一下子也说不完。

1904年，有一艘法国军舰行驶在越南附近的海域，发现了一只怪物。起初水手们都以为这是一块无名礁石，害怕会触礁，连忙调转船头。想不到这块"礁石"竟然慢慢地活动起来，不慌不忙地往前移动着，渐渐地浮出了水面，把大家吓了一跳。水手们挤在船舷边仔细看它，有人估计它仅仅露出水面的部分就有30米长。它的脑袋好像是海龟，背脊上布满了鳞片，不知道是什么东西。人们正要再仔细看一看，它却忽然沉下去不见了。

这是什么东西？有人猜，是一只特大的海龟。这些大海里古怪的动物，有的是人们认识的，有的人们暂时还不认识，并不是所谓的海怪。

学到了什么

▶ 海洋里有许多人们不认识的动物，还有许多块头特别大的动物，千万别把它们当成可怕的海怪。

海底黑烟囱旁边的乐园

《哇啦哇啦报》消息，信不信由你

现在向大家报告一个绝密的消息。我们在太平洋海底一个偏僻的角落，发现了许多古怪的东西。

请问，是什么东西？

信不信由你，我看见了一些奇怪的"烟囱"。

看哪，在静静的海底，有一根根高高低低的"黑烟囱"，稀稀拉拉地排列着，不声不响地耸立在一片淤泥上，显得神秘兮兮的。

真是烟囱吗？

真的很像呢！它们上面细、下面粗，全都是同一个样式的圆筒形。其中一些高的，比成年人还高，低的也有一个半大的孩子那样高。它们一根接一根有规律地排列着，乍一看，还真的像是烟囱。

这里只有这些不会说话的"黑烟囱"吗？

噢，不，再一看，我几乎不敢相信自己的眼睛。只见在这些古怪的"黑烟囱"旁边，居然还有一些长短不一的红色和黄色的"皮管"。

想一想 猜一猜

- 有烟囱，又有皮管，肯定是海底工厂的遗迹，证明科幻小说里讲的故事是存在的。
- 可能是沉没的陆地吧？
- 是不是海龙王的工厂？
- 是不是外星人的秘密基地？
- 是特殊的生物吧？

海底黑烟囱旁边的乐园

我是小小科学家

哈哈，哪有什么海底工厂。这些"黑烟囱"是海底热泉的喷泉口，皮管一样的蠕虫是一种奇异的动物。

在深海底部，它们靠吃什么东西生存？科学家发现它们的食物，竟然是从喷泉口里喷出来的矿物质。

请问，这些是真正的皮管吗？

捏一捏，是软的，和皮管的手感一样。

仔细一看，这些"皮管"忽然轻轻地蠕动起来。好像在用这种方式告诉人们，它们不是我们想象中的皮管，而是另外一种东西。

再仔细一看，这下可看清楚了，没想到这根本就不是什么皮管，竟然是从来也没有听说过的管状蠕虫。

这是什么东西？它们和那些"黑烟囱"一样，全都是难解的谜。

❓ 学到了什么

▶ 深海海底有"黑烟囱"一样的喷泉口，还有皮管似的以吸收矿物质为生的管状蠕虫。它们宣告了一个非常重要的事实，那就是无论在什么地方，不管是多么恶劣的环境，生命体都能顽强地生存下去。

树上的青蛙

《哇啦哇啦报》消息，信不信由你

吧嗒、吧嗒，树上有一只蹦蹦跳跳的青蛙。

松鼠问它："喂，你是谁？"

它说："难道你不认识我？我是树蛙呀。"

松鼠皱着眉，说："我是这里的老住户，怎么没见过你？"

它说："我是新来的呀。"

想一想 猜一猜

- 这是一篇童话故事吧？
- 这不是童话，是梦话。
- 世界之大，无奇不有，没准儿树上真有青蛙。

树上的青蛙

📝 我是小小科学家

　　树蛙的外形和青蛙非常相似，可是它的脚掌却比青蛙大得多，脚蹼也非常发达。这种脚蹼不仅可以用来划水，还可以用来爬树。在它的脚掌上，长有吸盘，能够牢牢地吸附在树干上，不会从树上跌下来。要不，为什么叫它树蛙呢！

　　信不信由你，树蛙的脚蹼是特殊的飞行工具。树蛙张开宽大的脚蹼，就能够在空中滑翔。它靠着这个本领，从一棵树飞到另外一棵树上。只会在池塘里张开嘴巴呱呱叫的青蛙，压根儿就没有这个本领。只能眼巴巴地望着它在树林里飞来飞去，羡慕得要命。

　　在树蛙的家族里，有一种黑掌树蛙，可以从四五米高的地方，像抛物线似的跳到地面，姿势非常优美，是有名的"飞蛙"。

　　说到这里，人们也许会问，它们在水里好好的，爬到树上干什么？是想爬得高看风景，还是想抓树上的毛毛虫吃？

　　树蛙会上树吃虫子，它们中的一些也会在树上产卵，这真是奇怪的习性。

　　谁说癞蛤蟆吃不了天鹅肉？树蛙和它们是亲戚，吧嗒吧嗒地蹦上了树，高傲的天鹅看了，准会吓一跳。

　　吧嗒、吧嗒，这只青蛙越跳越高，差一点儿就跳到了树梢上。

　　麻雀问它："你是谁，我怎么没有见过你？"

　　它说："你不认识我，我可认识你。我是新来的树蛙，请多多关照！"

　　树蛙吧嗒吧嗒地蹦上树，和松鼠、麻雀成了好朋友。

❓ 学到了什么

▶ 树蛙依靠脚蹼上的吸盘爬树，还能张开又宽又大的脚掌滑翔，是青蛙家族中的飞行家。

天池里的"恐龙"

《哇啦哇啦报》消息，信不信由你

长白山山顶的天池里不断传来消息，许多人都说，自己看见过水里的"怪兽"。

你不信吗？请看古书上的记载吧。

清代的《长白山江岗志略》中记载，光绪三十四年（公元1908年），有人看见天池里有一个怪物浮出水面："金黄色，头大如盆，方顶有角，长项多须，猎人以为是龙。"

你不信吗？请再看一些现代目击者的报告吧。

1962年8月中旬，吉林省气象局工作人员周风瀛通过望远镜发现天池东北角，距岸边二三百米的水面上，钻出两个黑褐色的动物脑袋，约有狗头大小，前后相距二三百米，互相追逐游动着，一会儿沉入水中，一会儿又冒出水面。它们的身体后面拖着长长的人字形波纹，一个多小时后，才慢慢地沉进了水里。

1980年8月21日，作家雷加和几个同伴瞧见天池中有一个黑色的怪物，脑袋和梭形的背脊时隐时

想一想 猜一猜

- 是不是看花了眼？
- 准是一条大鱼。
- 没准儿是恐龙吧？
- 那是鱼群。
- 那是一只大狗熊。
- 那是一种光学现象。
- 没有确切的解释，现在还不好说。

我是小小科学家

天池里的"怪兽"究竟是什么？很多人都说是恐龙。

真是这样吗？恐龙生活在距今约6500万年前的中生代。天池所在的长白山是一座200多万年前才形成的火山，怎么可能有古老的恐龙呢？还需要提醒一下，这座火山在18世纪喷发过，是休眠火山。如果水里真的有恐龙，岂不是被煮成"红烧龙"了吗？

再说，在这个湖里有毒的硫黄气体不断地从岩石缝隙里冒出来，不适合生物生存。湖水里除了极少数的鱼，几乎没有别的生物。如果神秘的怪兽真的是恐龙，它要靠吃什么东西生存呢？

不是恐龙，又会是什么呢？

很可能是一种不知名的鱼，或者是别的动物，或者是一种自然现象，也说不定是偶然下水游泳的大狗熊。通过分析另外一些目击报告，也可能是水鸟或鱼。由于距离很远，看得不清楚，情节便被人们夸大了。

现，后面拖着喇叭形的划水线。

这样的目击记录多得数不清，直到2007年8月19日和9月2日，还有两批游客亲眼看见了好几只怪兽在水里游泳呢。

学到了什么

▶ 长白山是一座只有200多万年历史的休眠火山。人们在天池里瞧见的神秘动物，不可能是6500万年前的恐龙，可能是鱼、熊或者别的动物。

鹦鹉螺和月球

《哇啦哇啦报》消息，信不信由你

你看过《海底两万里》这本书吗？这是法国著名科幻小说家凡尔纳的代表作。在这个充满了幻想的故事中，神秘的尼摩船长驾驶着鹦鹉螺号潜艇，穿越了海洋深处。随着这部科幻小说的广泛传播，鹦鹉螺的名字也被越来越多的人知道了。

鹦鹉螺被炒热了，人们习惯把它和潜艇紧紧地联系在一起。也许正是这个原因，世界上第一艘蓄电池潜艇和第一艘核潜艇都不约而同地被命名为"鹦鹉螺号"，可见鹦鹉螺的名气有多大。

想不到古生物学家和古气候学家也怀着极大的兴趣参与进这场鹦鹉螺的追星活动中来，对它加以认真的研究。

他们也是科幻迷和潜艇爱好者吗？

不是的，他们关心的只是自己研究的课题。他们向全世界宣布：鹦鹉螺泄露了一个天大的秘密。月球环绕地球运动的速度越来越慢，由此得知，月球正在渐渐远离地球。

想一想 猜一猜

- 这些一本正经的古生物学家和古气候学家们说的话，比凡尔纳的小说还更加富于幻想。
- 是不是从外星来的科学家？
- 别轻易否定他们，科学家说的话总是有道理的。

鹦鹉螺和月球

我是小小科学家

鹦鹉螺是一种比大熊猫还要古老的活化石。在古生代时期，它几乎遍布全球海洋的每一个角落，大约有2500种，现在基本绝迹了，只在南太平洋的深海里还残存着几种。

仔细观察的话，不难发现它有一个特点。在鹦鹉螺乳白色的外壳上，有一条条红褐色的曲折条纹，勾画出一幅奇异的图案。这些波状起伏的螺纹宽窄不一，可以分为许多组，每组30条左右。

古生物学家说，这是一种特殊的生长线，好像树木一样，形成特有的年轮。根据这些螺纹数目的变化，就能推算出月球活动的现象了。

根据鹦鹉螺的螺纹变化，科学家算出在距今约2600万年前的第三纪有26条螺纹，6500万年前的白垩纪有22条，1.4亿年前的侏罗纪有18条，2.8亿年前的石炭纪有15条，4.4亿年前的奥陶纪有9条。

请问，这意味着什么？

原来在奥陶纪时期，月球绕地球一周只要9天，和现在大不一样。月球环绕地球运动的速度逐渐减缓了，正在悄悄地远离地球，进入更为遥远浩渺的太空。

海底的鹦鹉螺和天上的月球有什么关系？我对这个结论表示怀疑，你怎么看？

? 学到了什么

▶ 活化石鹦鹉螺的壳上有许多生长线。

▶ 古老的地质时期里，鹦鹉螺的每组生长线比现在少得多，表明当时月球环绕地球运动的速度比现在快。这个现象说明，月球环绕地球运动的速度正越来越慢，将渐渐远离地球。

河狸先生的家

《哇啦哇啦报》消息，信不信由你

想一想 猜一猜

- 它住在树上。
- 它住在洞里。
- 它住在水里。

走哇，去河狸先生的家里玩。两个小客人拿着请柬，高高兴兴地去拜访河狸先生。河狸先生准备了许多好吃的东西，打算请他们吃午饭。

河狸先生的家

河狸先生住在哪儿？当然是住在河边了。两个小客人东看看、西瞧瞧，顺着河边走了很远，也没有找到河狸先生的家。

一个小客人说："我们是不是找错了地方？"

另一个小客人说："不，这儿就是请柬上说的那条河。"

第一个小客人又说："我们是不是走过了？"

第二个小客人说："不会吧！我们一路上没有瞧见一座房子呀。"

他们找了半天，也没有找到河狸先生的家，正在着急，河狸先生不知从哪里一下子钻了出来，笑嘻嘻地对他们说："快请进，我的家就在这里。"

你们猜，河狸先生到底住在什么地方？

学到了什么

▶ 河狸会修建堤坝，住在特殊的水陆两栖的"屋子"里。

我是小小科学家

河狸又叫海狸鼠，是水獭的远房亲戚，它们身上披着又软又密的毛，脚趾中间长有划水的蹼，是游泳的好手。河狸还有一条又扁又平、长满鳞状角质的尾巴，起着类似于船舵的作用。可是它和水獭毕竟不是一种动物，生活习性上还是有一些差别的。水獭吃鱼，也喜欢抓青蛙、螃蟹和一些水鸟吃。河狸虽然有时候也吃鱼，但口味多少有些不一样，它主要吃树皮和青草。

河狸住在森林里有水的地方。它的家可神秘啦，一半在岸上、一半浸泡在水里，难怪别人不容易找到。

为什么它喜欢这种水陆两栖的"屋子"？因为这样才可以躲开陆地上和水里来的敌人。敌人从水里来，它就可以钻进楼上靠近岸边的"房间"里。敌人从陆地上来，它就一骨碌钻到楼下的水底"房间"里。试问，谁有这样的家？

为了修建这种水陆两栖的家，河狸用树枝、树叶和石头、泥土建造了一道水坝。一旦水位升高，"楼下"被水浸泡，它还能舒舒服服地生活在"二楼"。说起来，它还是一位了不起的建筑师呢。

厉害的臭屁武器

"外星人基地"见闻

《哇啦哇啦报》消息，信不信由你

哎呀，历史演变了几千年，我们竟然不知道外星人就睡在自己的身边。秦始皇、汉武帝自大地做着"天下第一"的梦，地球上打了两场血淋淋的世界大战，想不到全都被躲在这儿的外星人冷眼旁观。没准儿全都被他们录了像，拿回去研究"野蛮星球的本性"了。

有证据吗？当然有！请到柴达木盆地里的托素湖来看吧，这可是铁证呢。

有一天，我来到这里，只见湖边一片荒凉，天地寂静无声，一派死气沉沉的样子。第六感告诉我，这里必定将有什么不寻常的事情发生。

我的感觉没有错，没走多远就看见了一个神秘的洞窟，我小心翼翼地走进去一看，一下子就怔住了。只见洞壁胶结坚硬的土层里，露出许多造型古怪的管子，这些管子有的粗、有的细、有的直、有的弯，还有许多奇形怪状的，好像是为了某种目的专门制造出来的东西。

再一看，就清楚了。只见这些管子全都锈迹斑斑，不知经过了多少年。

我开动脑筋细细琢磨，也想不出这是什么东西，更加难以断定是什么朝代的。从各种各样的器形，

想一想 猜一猜

- 肯定是外星人。除了他们，谁还能制造出这些匪夷所思的东西。
- 是不是一个消失文明的遗留物？
- 是不是秘密实验基地？
- 有可能是自然现象吗？

"外星人基地"见闻

结合生锈的情况分析,我眼前突然一亮:古代地球人制造不出这种东西,只有外星人才可能是它们的主人。外星人躲在这个偏僻的角落干什么?静静地观察我们哪!好像我们观察被拿来做实验的小白鼠一样。

我是小小科学家

别胡思乱想啦。这不是外星人制作的铁管道,而是古代树根穿插的孔洞。树根腐烂后,留下了宽窄、形状不一的孔洞。由于氧化铁的沉淀,造成了生铁锈的假象。这种现象非常普遍,不是托素湖独有的。

? 学到了什么

▶ 弯弯曲曲的树根腐烂后,在土层里留下了奇形怪状的孔洞,加上氧化铁的沉淀,就形成了生铁锈的假象。

大海里的"花斑猛虎"

《哇啦哇啦报》消息，信不信由你

两只小猴子吓得脸色发白，慌里慌张地跑过来，大声喊叫："哎呀！可不得了，大海里有一只老虎。"

猴子妈妈问："这是真的吗？"

第一只小猴子说："当然是真的。它的身上有一条条的黑色斑纹，和老虎一模一样。"

猴子妈妈又问："你们是不是看花了眼？"

第二只小猴子说："才没有呢。我看得清清楚楚的，它的块头和老虎一样大。"

猴子妈妈说："大块头不一定

想一想 猜一猜

- 老虎会游泳，为什么不能在海里游？
- 那可能是一种长得很像老虎的大鱼。
- 那是化了装的魔鬼吧？

大海里的"花斑猛虎"

我是小小科学家

这两只小猴子没有看错，海里真的有长得像老虎的生物。不过它不是真正的老虎，而是一条可怕的虎鲨。

虎鲨身上布满了像老虎一样的横条纹，块头也和老虎差不多大。乍一看，真的像是水里的猛虎呢。

鲨鱼是大海里的霸王，号称"海洋之虎"。它们都长着一张月牙形的大嘴巴，露出尖牙利齿，瞪着两只冷冰冰的小眼睛，谁见了都感到害怕。

鲨鱼的嗅觉非常灵敏，对血腥味儿特别敏感。水里哪怕有一丁点儿血液，如果被它嗅着，它就会飞快地赶来袭击不幸的伤者。

鲨鱼的种类很多，是不是所有的鲨鱼都像老虎一样凶狠呢？也不是，在鲨鱼家族里，虎鲨、双髻鲨最凶猛，是真正的大海里的老虎。有一种鲸鲨的块头很大——比大象还大，它的身子有20米长，是海里最大的鱼。它和虎鲨不同，脾气非常温和，只吃一些浮游生物和小鱼，不会主动袭击人类。

是老虎，也不一定可怕。大象比老虎还大，它可怕吗？"

第一只小猴子说："大象吃树叶、香蕉和青草，老虎要吃人哪！"

猴子妈妈再问："你们瞧见它吃人了吗？"

第二只小猴子说："我看见它在咬什么东西，水里一下子冒出了一股鲜血，把海水染得通红。"

第一只小猴子接着说："本来我们还想下海游泳呢，多亏我们跑得快，才没有被它吃掉。"

猴子妈妈想来想去也不明白，生活在陆地上的老虎怎么跑到大海里去了？

? 学到了什么

▶ 鲨鱼是"海洋之虎"，遇到它可要小心些。不过，也不是所有的鲨鱼都会攻击人。例如，块头最大的鲸鲨就不会主动攻击人。

"琥珀棺材"里的小蜜蜂

《哇啦哇啦报》消息，信不信由你

亲爱的小朋友，你读过一篇名叫《琥珀珠》的科学童话吗？它是我在 20 世纪 80 年代写的。

约三千万年前，有一只勇敢的小蜜蜂，为了搭救一个受伤的伙伴，飞到了很远的地方去寻找救命的药物。它一路上飞过高山和大海，遭遇了很多凶猛的敌人的袭击，经历了千难万险，好不容易飞到了目的地。

因为太累，它收起翅膀落在一棵松树上，想歇一会儿。想不到太阳晒化了树上的松脂，悄悄地流淌下来，包住了小蜜蜂的身子。小蜜蜂死了，安静地躺在透明的"松脂棺材"里。后来由于地壳运动，这具"松脂棺材"被埋进了地底下，

想一想 猜一猜

- 这是童话故事，怎么能够当真。
- 琥珀就是这样形成的。

经过漫长的岁月，松脂最终变成了琥珀。小蜜蜂躺在新的"琥珀棺材"里，薄薄的翅膀看得清清楚楚，一阵风吹来，它仿佛还能飞起来，接着去给受伤的伙伴寻找救命的药物。

一个孩子捡到了这颗亮晶晶的琥珀珠，知道了这个故事，心里非常感动。决定把它带回去，放在红领巾陈列室里，作为展品。

我是小小科学家

琥珀是透明或半透明的，有黄色、橙黄色、棕色和暗红色等许多种颜色，也有浅绿色、淡紫色等罕见品种。美丽的琥珀是宝石的一种，可以作为珍贵的装饰品。

翻开琥珀的出生卡，会发现它们大多原本是第三纪松柏科植物的树脂。由于地质作用被埋在地下后，经过很长的地质时期，树脂渐渐失去了挥发成分，逐渐聚合、固化，最后形成了一颗颗美丽的琥珀珠。

第三纪的生物种类非常丰富，所以在琥珀里常常包着各种各样的小昆虫，保存了许多珍贵的远古时期的昆虫标本，有很重要的研究价值。由于琥珀是有机质，它的熔点很低，很容易熔化，有怕热的特点，所以琥珀制品一定要注意避免阳光直射，也不能放在高温的地方。琥珀还容易在一些溶剂里溶解，所以千万不要让它沾上指甲油、酒精、汽油和煤油等液体。

学到了什么

▶ 美丽的琥珀是远古时期的树脂变成的，里面常常包着一些小昆虫。琥珀虽然是宝石的一种，但却很娇气，怕火，也怕汽油，保存不当的话就很容易损坏。

翻版"恐龙"

《哇啦哇啦报》消息，信不信由你

这里是位于赤道附近的印度尼西亚一个阳光照耀下的小岛。岛上满是茂密的丛林，看不见一个人影，看上去神秘极了。

我和一个伙伴高高兴兴地走进丛林里，想在这里摘几个稀罕的果子吃。我们正有说有笑地往前走，忽然听见一阵奇怪的声音，一根根折断的树枝发出噼里啪啦的声音，好像有一个巨大的动物正朝我们走过来。

会是什么动物呢？

是不是大象？

要不，就是身形差不多的犀牛？

我说："不管是大象还是犀牛，都不是吃肉的动物，怕什么？"

小伙伴说："是呀，我也不害怕。"

那个神秘的声音越来越近了，似乎已经走到了我们跟前。我们一点儿也不感到害怕，笑嘻嘻地拿出相机，打算和它拍一张合影，带回去给同学们看，美美地炫耀一番。

脚步声更近了。我们仔细一听，似乎有些不对劲。

小伙伴悄悄地对我说："看样子，这只动物似乎要比大象和犀牛大得多。"

我侧着耳朵听，心里感到有些

想一想 猜一猜

- 这是在做梦吧？
- 这是不是电影《侏罗纪公园》里的一个镜头？
- 大家可能是穿过时间隧道，来到了侏罗纪。
- 这里可能是外星球。
- 这可能是真的吧？

翻版"恐龙"

我是小小科学家

　　这儿是印度尼西亚的科莫多岛，这是一只科莫多巨蜥。这种巨蜥是这个小岛上特有的生物，和恐龙十分相像，所以人们又给它取名为"科莫多龙"。1910年，一位荷兰飞行员驾驶着一架小飞机降落在这个岛上，发现了科莫多巨蜥，这位飞行员被吓得半死。他回去后告诉别人这件事，可是谁也不相信。后来经过调查，发现在这个小岛的密林深处，居然藏着2000多只巨蜥。这个岛上的居民只有200多人，人数还不到巨蜥的十分之一呢。

　　科莫多巨蜥的身长可以达到3米多，性情凶猛，野鹿、野牛和野猪都是它的食物。它的尾巴粗壮有力，只消用力一扫，就能打倒猎物，再慢慢地撕碎吞进肚子里。

　　巨蜥是什么动物？有人说，这就是远古时期遗留下来的"活恐龙"，简直就是电影《侏罗纪公园》中恐龙的翻版。人们做梦也没有想到，自己的身边居然存在一个活生生的"史前世界"呢。

纳闷儿，在这个荒岛上，还会有什么大型动物呢？

　　噼里啪啦——噼里啪啦——

　　那个声音已经来到了我们身边……一个大家伙忽然钻了出来，把我们吓了一大跳。

　　哇，原来是一只"恐龙"啊！

学到了什么

▶ 科莫多巨蜥又叫科莫多龙，性情特别凶猛，千万别招惹它。

会飞的鱼

《哇啦哇啦报》消息,信不信由你

小水手在海上划船,海面上风平浪静的,大海好像睡着了似的。忽然,"哗啦"一声,从海水里飞出来一个银光闪闪的小东西,吓了他一大跳。

啊,这是什么东西,是不是藏在海底的潜艇发射的导弹?多亏偏了一丁点儿,要不,准会把小船打沉。

小水手还没弄明白是怎么回事,只听见"哗啦"一声,又有一个闪着银光的东西,冲破波浪笔直地朝着小船撞过来。

小水手一把抓住它。仔细一看,惊奇得瞪大了眼睛。

哇,哪是什么导弹,想不到竟然是一条小小的鱼。鱼周身的鳞片

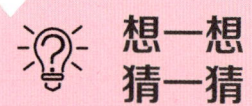

想一想 猜一猜

- 水鸟能够扎进水里,鱼为什么不能飞?
- 这是一种特殊的飞鱼。
- 这是一种长得像鱼的水鸟。
- 这是机器鱼。
- 这是龙王爷不高兴,随手甩出来的鱼。

我是小小科学家

这是热带海域的飞鱼。

飞鱼没有翅膀，怎么会飞呢？原来在它的肚皮下面，有两只又长又大的胸鳍，使劲一扇就能飞起来。

飞鱼可以飞多久、多高、多远？能像真正的鸟一样，飞进高高的白云里吗？

飞鱼不是鸟，不能飞上天，只能飞离水面一会儿。这也非常了不起了！比一比，别的鱼谁能像它一样？它能够在空中滑翔几十秒钟，最远可以飞400多米，可以说很了不起了。

鱼就是鱼，不能离开水。为什么飞鱼要飞出水面来？它是被水里的敌人追赶得无路可走，才飞起来的。飞鱼常常成群结队地活动，一旦受到了惊扰，就会像一群小麻雀似的一起飞起来。狗急可以跳墙，鱼急了，为什么不能飞出水面？

在太阳光照射下闪闪发光，身子还在微微颤抖呢。鱼怎么会飞？真奇怪呀！

❓ 学到了什么

▶ 飞鱼的翅膀其实是它的胸鳍。

▶ 飞鱼只有受到惊吓时，才会飞出水面，这是它躲避天敌的手段。

▶ 飞鱼飞得不太高，也不太远，不是真正的飞，只不过是在空中滑翔。

大花脸猴子

《哇啦哇啦报》消息，信不信由你

哎呀！森林里跳出来一个大花脸，把过路的人吓了一大跳。

你看它，鲜红色的鼻子两边露出靛蓝色的脸，深深凹进去的眼窝里鼓着两只橙黄色的眼珠，头顶上的毛高高竖起，嘴巴上长着白胡子，下巴上挂着一撮黄毛。转过身子一看，它的屁股也是红彤彤的，像是涂满了鲜血，要不，就是坐进了红油漆桶里。

这是演员在表演吗？它演的是张飞、李逵，还是楚霸王？

这里是非洲偏僻的森林，难道中国的剧团不远万里来到这里演出了？

噢，不是的。它长着一个大脑袋，身体非常壮实，露出尖锐的牙齿，对着人大声咆哮，样子凶极了。舞台上的演员怎么会是这个样子？

这是拦路打劫的强盗吗？有的

想一想 猜一猜

- 它就是从舞台上下来的演员。
- 它就是在脸上抹了油彩的强盗。
- 它就是一种猴子，可能是非洲猴王。
- 它根本就不是猴子，而是一只大猩猩。

强盗害怕别人认出自己的真面目，常常画一张大花脸吓唬别人，起到保护自己的作用。

可强盗怎么会披着一身毛？再说，也不会光屁股哇！

这是鬼吗？

别瞎说啦。世界上压根儿就没有鬼！

这也不是，那也不是，到底是

大花脸猴子 | 111

我是小小科学家

这是山魈。山魈这个名字就是"山鬼"的意思呀！

山魈生活在非洲地区，咱们这儿根本就没有，所以瞧着很稀奇。它和别的猴子不一样，体形特别魁梧，脾气非常暴躁，力气大得惊人。如果被它扇一耳光，准会昏倒在地上。

非洲是狮子称王称霸的地方，可是狮子也不敢随便招惹它，豹子、鬣狗什么的，也不是它的对手。

为什么连狮子也怕它？因为它们总是成群结队出没，动不动就一起冲上来。非洲原野里有的是动物，何必非要惹它呢。

山魈这么厉害，那么它到底是不是吃人的魔鬼？

不是的，它的食物主要是嫩树枝、树叶、野果子等，也喜欢抓一些小鸟、老鼠、青蛙和蛇来吃，甚至捕食别的猴子，是世界上最凶猛的灵长类动物。除非人们故意招惹，否则它很少主动攻击人。

不消说，这也和它的模样太可怕、脾气太暴躁有关系。人们远远地瞧见它，早就转身逃跑了，当然也就很少发生冲突了。

什么东西？仔细一看，原来是一只古里古怪的大猴子。

请问，这是什么猴子，为什么和我们平时看到的猴子不一样？估计美猴王孙悟空也不会承认这是它的后代。

❓ 学到了什么

▶ 非洲的山魈长着一张大花脸，力气大，脾气坏，最好不要招惹它。

怪里怪气的四不像

《哇啦哇啦报》消息，信不信由你

几只小动物看见森林里来了一只奇怪的动物，急急忙忙地跑回来向狗熊伯伯报告。

小兔子说："它的脑袋很像马，又不是马。"

小松鼠说："它的尾巴很像驴子，又不是驴子。"

小羊说："它的蹄子很像牛，又不是牛。"

小鹿说："它的脑袋上有两根角，很像鹿角，但又不是鹿。"

狗熊伯伯觉得很稀奇，这个马不像马、驴子不像驴子、牛不像牛、鹿不像鹿的动物，到底是什么？

它问小兔子："你是不是看花了眼？"

小兔子说："我的眼神好极了，不会看错的。"

它问小松鼠："你是不是在开玩笑？"

小松鼠说："我很严肃，没有开玩笑。"

它问小羊："你是不是在说谎？"

小羊委屈得哭了起来，对它说："我是诚实的孩子，不会说谎。"

它问小鹿："嘻嘻，这个奇怪的动物是不是你的亲戚？"

小鹿说："如果是我的亲戚，我还不认识吗？"

看样子它们都没有骗人，狗熊伯伯搔了搔脑袋，越来越糊涂了，只好说："听你们这样讲，我也糊涂了，我自己去看看吧。"

想一想 猜一猜

- 它准是外星动物。
- 它可能是活化石。
- 没准儿真有这种动物吧？

它悄悄地走过去，躲在大树后面远远地看，这只动物果真像大家说的那样，它叹了一口气，说道："唉，我活了一大把年纪，还没有见过这样四不像的怪物。它到底是什么东西呢？个知道它是吃草，还是吃肉？"

想到这个怪物没准儿是吃肉的，大家吓得掉头就跑。

我是小小科学家

这是四不像啊！也就是麋鹿。它和别的鹿不一样，加上长相特别，难怪人们叫它"四不像"。四不像是我国特有的动物，从前在我国北方和长江中下游地区数量很多，可惜后来，它们的野生种群灭绝了。19世纪末，一些野生麋鹿被盗运到国外，最后有18只在英国繁衍成了一小群，直到1956年它们的后代才返回故乡。为了保护麋鹿，我国专门建立了国家级自然保护区，麋鹿和大熊猫一样，是国家一级保护动物。

? 学到了什么

▶ 四不像其实是我国特有的麋鹿，和大熊猫一样珍贵。

长颈鹿认祖宗

《哇啦哇啦报》消息，信不信由你

小长颈鹿家里挂着一张发黄的照片，每天它都要恭恭敬敬地向照片行一个礼，然后才出去玩。

小兔子问它："这是谁呀？"

小长颈鹿说："这是我的祖宗啊。"

小兔子看了看照片，再看看小长颈鹿，觉得非常奇怪，又问它："咦，这是怎么回事？你长得也不像照片里的祖宗啊！"

小长颈鹿说："你为什么说我不像我的祖宗？"

小兔子拿了一面镜子给它，说："不信，你自己看吧。你的脖子这么长,照片里的祖宗脖子那么短，你们一点儿也不像。"

小长颈鹿从来也没有照过镜子，好奇地朝镜子里一看，想不到自己的脖子真的很长，比照片里祖宗的脖子长很多。它心想：并不是每家的爷爷和孙子都是一个样子，这算不了什么。

小兔子又提醒它："你看看，你的腿这样长，照片里的祖宗腿很短，你们会是一家子吗？"

小长颈鹿又照了照镜子，发现果真和照片里的祖宗不一样。它想

想一想 猜一猜

- 长颈鹿没有错，这就是它的祖宗。
- 长颈鹿错了，这不是它的祖宗。
- 长颈鹿觉得没有祖宗的照片很没面子，不知道从哪儿弄来一张照片，把里面的动物当成是自己的祖宗。
- 小兔子看错了，把照片里的长脖子看成了短脖子。

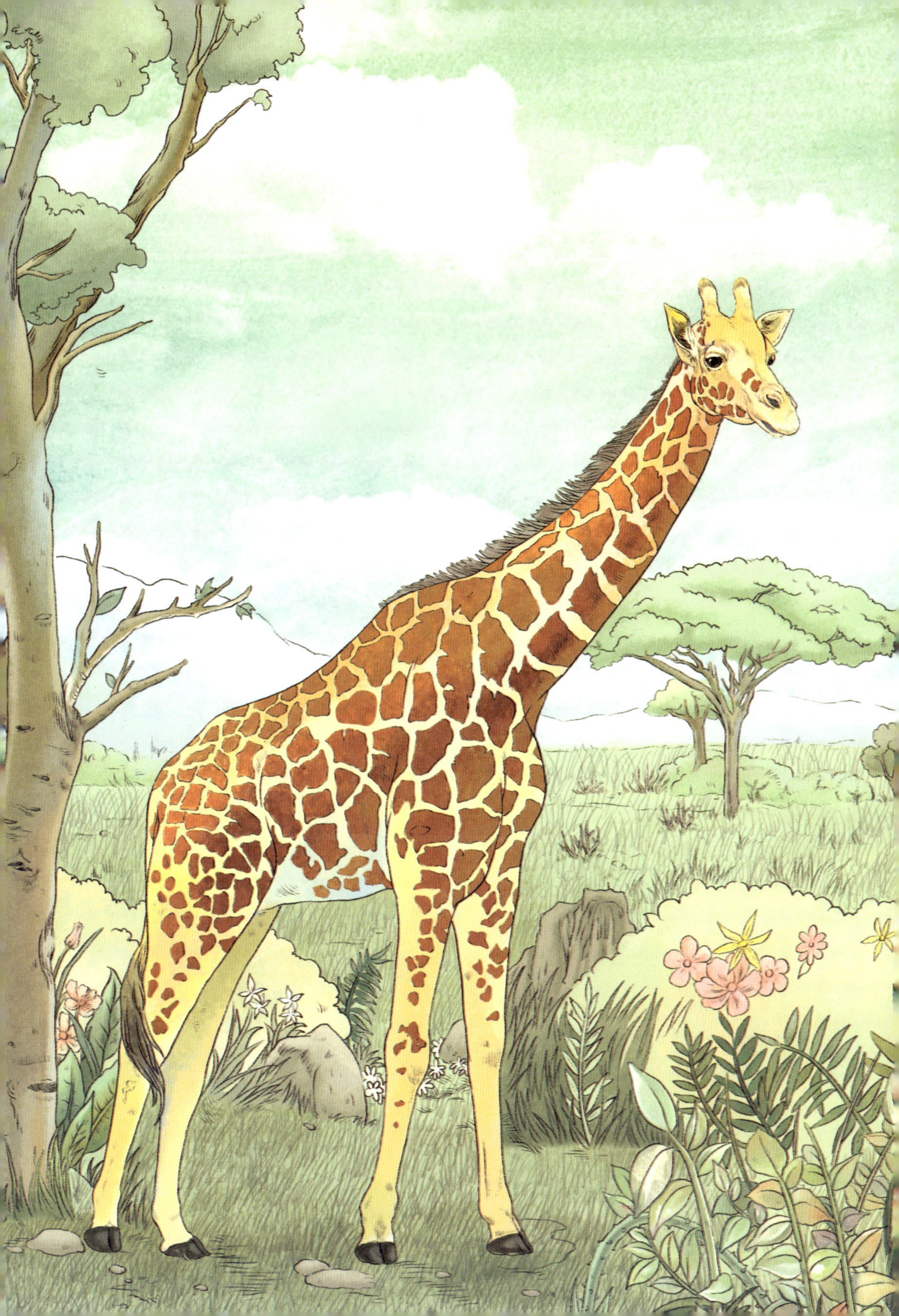

我是小小科学家

长颈鹿的祖宗真的不是长脖子、长腿，身上也没有斑点。原来，远古时代能吃的东西很多，短脖子就够用了，用不着伸脖子吃高处的树叶。那时长颈鹿的天敌不多，用不着拼命跑，也不用躲在树丛里迷惑敌人，也就用不着长长的腿，并且不必依靠身上像树叶一样的斑点掩护自己了。长颈鹿的这些特征都是后来随着环境变化才逐渐形成的。

了想，大大咧咧地说："嗨，并不是每家人都长得一模一样嘛。爸爸是大胖子，孩子没准儿还是小瘦子呢。"

小兔子又说："你看，你身上长了许多斑点，照片里的祖宗身上可没有这些斑点。你和照片里的祖宗看来看去也不像是一家子，这可不是一个简单的问题。"

小长颈鹿有些糊涂了，支支吾吾地回答说："啊，你说的也有一些道理。我问一下妈妈，这到底是怎么回事吧。"

长颈鹿妈妈听了很不高兴，气呼呼地说："怎么能拿祖宗来开玩笑！我说这是我们的祖宗，就是我们的祖宗。难道我会傻乎乎地随便找一个祖宗，天天给它行礼吗？"

学到了什么

▶ 现代长颈鹿和它的祖先长相不一样。长颈鹿所有的身体特征都是后来随着环境的变化而发生改变的。

袋鼠发现记

《哇啦哇啦报》消息，信不信由你

1629年，一艘荷兰探险船在南太平洋上航行，不料在澳大利亚海岸边搁浅了。在海上航行久了，船上的淡水快要用完了，于是水手上岸去寻找水源。想不到他们还没有找到可以喝的水，就迎面撞见了一个他们从来也没有见过的动物，水手回来后向船长报告。

第一个水手说："那是一只比狗还大的大老鼠。"

第二个水手说："它不会跑，只会用两只后腿蹦蹦跳跳。"

第三个水手说："它的肚皮上有一个奇怪的口袋，从里面钻出了一个吃奶的孩子。"

这是什么动物？见多识广的船

118 厉害的臭屁武器

长也没有听说过。他心想：准是这帮可怜的水手在海上漂流久了，不是脑袋发晕，就是得了幻想症。他不相信这些胡话，决定自己去看一下。

水手们带他上岸一看，果真瞧见了那只大老鼠，只见它用两只后脚站立着，正用奇怪的目光打量着这群不速之客。有趣的是，在它的肚皮上，居然伸出一个小脑袋，出神地望着他们。

在事实面前，船长不得不相信了，可是还有几个问题想不明白。为什么这只老鼠这么大？为什么它不用四只脚走路，而用两只后腿蹦蹦跳跳？那个在肚皮口袋里吃奶的孩子，是从哪儿来的？

他们想了又想，大家议论纷纷，谁也说不清是怎么回事。船长自以为很聪明，认为这只大老鼠的孩子就是从妈妈的乳房上钻出来的，还一本正经地把自己的想法写进了考察笔记里。

想一想 猜一猜

- 这儿没有猫，老鼠当然特别大。
- 从前这儿也有猫，被这些大老鼠吃光了。
- 大老鼠想学人走路，所以只用后脚蹦跳。
- 这儿一定有很深的山沟，用两只脚才能跳过去。
- 小鸡是从鸡蛋里钻出来的，孙悟空是从石头里蹦出来的。它为什么不能直接从妈妈的乳房上钻出来呢？这样吃奶更方便。

我是小小科学家

唉，这些水手太没见识了，不知道这就是袋鼠哇！

关于袋鼠，水手们还闹了一个笑话。水手们不知道这是什么东西，向当地人打听。当地人听不懂他们叽里呱啦的话，回答说："康格鲁。""康格鲁"就是"不知道"的意思。这个名字就这样稀里糊涂地流传下来了。

袋鼠当然不是普通的老鼠，小袋鼠也不是从妈妈的乳房上钻出来的。这都是简单的常识，不用多讲了。

袋鼠妈妈的育儿袋里有四个乳头，小袋鼠从生下来，就在温暖的育儿袋里慢慢长大。

学到了什么

▶ 为什么袋鼠叫这个名字？因为它的肚皮上有育儿袋呀，袋鼠妈妈带着孩子还能跳得又高又远。

记仇的大象

《哇啦哇啦报》消息，信不信由你

想一想 猜一猜

- 大象的记忆力特别好。
- 兽医打的那一针把大象弄得特别疼。
- 兽医脸上有特别的记号。
- 有人提醒大象。

幼儿园的孩子都怕打针，看见穿白大褂的护士阿姨拿着针管走过来，还没靠近自己时，就会被吓得哇哇大哭。信不信由你，陆地上最大的动物大象也怕

打针。它不仅害怕打针，还会报复给它打针的人呢。

2007年12月27日，武汉动物园里一头名叫阿海的公象，

我是小小科学家

为什么大象对从前的事情记得那样清楚？因为它的记忆力特别好。别看它平时脾气非常好，可是谁伤害了它，它永远也不会忘记。狮子、老虎也不敢招惹它。

瞧见动物园里有一位兽医走来，竟用鼻子吸水，一下子把他喷成了落汤鸡。嘴里还狠狠地吼叫着，表达自己的不满。

阿海为什么会捉弄这位兽医？因为它牢牢记得，三年前就是他给自己打的针。当时只是身上疼了一下，可它居然记恨了整整三年。

唉，这头无知的大象不明白，好心的兽医给它打针，是为了它好哇！就像幼儿园里又哭又闹的孩子，不知道护士阿姨打针是给自己治病一样。在这个问题上，威风凛凛的大象和孩子没有一丁点儿区别。

大象记仇的故事还有很多呢。在1999年，郑州动物园里的一头大象生病了，一位兽医去诊治，大象不顾自己还在生病，突然冲上来，用鼻子把这个兽医高高地卷起来，重重地摔在地上，兽医的肩骨受了伤。医生还来不及给"病人"看病，自己反倒受了伤被送进了医院。为什么他好心没有好报？兽医仔细回想了老半天，才想起12年前，自己曾经给这只大象打过针。没想到它居然记恨了这么久，真是让人又好气又好笑，同时也感到非常惊讶。

第三件事情发生在印度，一个游客乱给大象喂食。过了好几年他又来到动物园，恰好站在这头大象的笼子面前。他早就忘记了这件事，可大象却记得清清楚楚的，并且毫不客气地迎头喷了他一身沙子，引得旁边的人们哈哈大笑。这个倒霉的家伙受了这场特殊的"沙浴"，自己还想不起来是怎么回事呢。

? 学到了什么

▶ 大象的记忆力非常好，且爱憎分明。